高职高专通信技术专业系列教材

IP 承载网部署与应用

主　编　谭传武　李　燕

副主编　刘红梅　陈苗苗

西安电子科技大学出版社

内 容 简 介

本书结合职业院校的教学特点，采用项目任务的形式展开相关知识的讲解，以适应职业院校项目式教学的需求。书中主要介绍了承载网设备部署的相关技术，主要内容包含 PTN 设备部署与应用、OTN 设备部署与应用、路由器设备部署与应用、承载网与无线网及核心网的对接和调试、承载网综合部署与应用等五个项目，每个项目再细分为不同的任务。

书中每个项目的编写采用先提出任务，再通过 IUV_Pre 5G 仿真软件完成实践的方式，既便于教师课堂讲授演示，又适合学生对照项目进行上机操作学习。对于初学者而言，这种方式非常有效。

本书可作为高等职业院校通信类专业教学用书，也适合从事承载网规划设计、网络建设、调测维护等工程项目的技术人员阅读。

图书在版编目(CIP)数据

IP 承载网部署与应用 / 谭传武，李燕主编. —西安：西安电子科技大学出版社，2022.2
ISBN 978-7-5606-6279-4

Ⅰ. ①I…　Ⅱ. ①谭…　②李…　Ⅲ. ①无线电通信—移动网　Ⅳ. ①TN929.5

中国版本图书馆 CIP 数据核字(2021)第 252731 号

策划编辑　陈　婷
责任编辑　翟月华　陈　婷
出版发行　西安电子科技大学出版社(西安市太白南路 2 号)
电　　话　(029)88202421　88201467　　　　邮　　编　710071
网　　址　www.xduph.com　　　　　　电子邮箱　xdupfxb001@163.com
经　　销　新华书店
印刷单位　陕西天意印务有限责任公司
版　　次　2022 年 2 月第 1 版　　2022 年 2 月第 1 次印刷
开　　本　787 毫米×1092 毫米　1/16　印 张　10
字　　数　273 千字
印　　数　1～2000 册
定　　价　26.00 元
ISBN 978 - 7 - 5606 - 6279 - 4 / TP
XDUP 6581001-1
如有印装问题可调换

前　　言

信息的传递离不开信息传送的通道——承载网。承载网是各运营商构建的一张专网，用于承载各种语音和数据业务，通常以光纤作为传输媒介。随着移动互联网的迅猛发展，全 IP 已成为运营商网络和业务的转型方向，承载网也向着高可靠性、有 QoS 保证、可运营、可管理的融合多业务的 IP 网络演进，PTN+OTN 是其主要技术保证。通信技术的迅猛发展推动着高校教学内容、教材和教学方式的不断改进、更新。本书正是在这种背景下编写的。

本书打破了传统的按照知识结构体系规划教材内容的编写方式，以承载网建设和维护岗位所需要的职业能力为目标，对岗位任务和职业能力进行了分析，按照职业技能要求设计全书内容。

承载网融合了 SDH/MSTP、PTN、IPRAN 和 WDM/OTN 等多种传输技术，逻辑上可以分为接入层、汇聚层、核心层三个层次。本书立足于我国承载网的实际应用，在汇聚层主要采用 OTN+PTN 技术，在接入层主要采用 PTN 技术，设计了 PTN 设备部署与应用、OTN 设备部署与应用、路由器设备部署与应用、承载网与无线网及核心网的对接和调试、承载网综合部署与应用等五个项目。

本书每个项目由多个任务组成，每个任务既有理论知识，又有操作练习，理论与实践相结合，希望学生知其然，也能知其所以然，提高学习兴趣。本书按照承载网的分层由下而上设计任务，完成承载网设备的部署，任务安排由简到难，循序渐进，逐步深入。

本书的主要特点如下：

(1) 新体系。本书的编写结合通信行业相关岗位对承载网设备应用及维护工作的职业需求，构建了 5 个项目 22 个任务。

(2) 新技术。本书选材紧跟承载网的最新技术，实用性强。

(3) 易操作。为了方便教师教学，学生自学，每个任务开始有任务描述和相关知识介绍，在每个任务的完成过程中有详细的操作步骤，在每个任务结尾处有对任务完成过程的总结，这些都增强了教材的可读性，方便学生掌握相关内容。

(4) 可拓展。每个任务完成后，都有针对本任务的拓展任务，有助于学生巩固所学知识，拓展知识面。

谭传武、李燕担任本书主编，刘红梅、陈苗苗担任副主编。书中项目一至三由谭传武编写，项目四、五由李燕编写，全书由谭传武统稿。在本书的编写过程中，湖南铁道职业技术学院的陈善俊、姚晓庆、曹雄、侯旺提出了宝贵意见，深圳市 IUV 科技有限公司给予了大力支持，在此表示诚挚的感谢！

由于编者水平有限，书中不当之处在所难免，敬请广大读者及同行专家批评指正。

编　者

2021 年 8 月

目　　录

绪　　论

1. 承载网概述

随着智能手机的普及，人类社会进入了移动互联网时代，用户每天都要使用手机打电话、上网。那么，信息是如何"飞"到手机里的呢？信息的传递离不开信息的传送通道——承载网。承载网位于无线接入网与核心网之间，用于承载各种语音和数据业务，通常以光纤作为传输媒介。

4G 网络分为三大部分，分别是核心网、承载网、无线网。无线网指的是 eNodeB 基站，基站通过承载网才能连入核心网。4G 网络架构如图 0-1 所示。

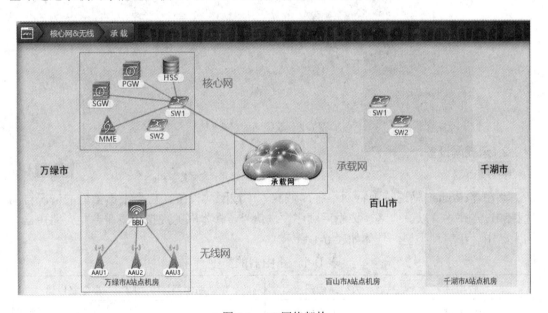

图 0-1　4G 网络架构

现阶段，承载网融合了 SDH/MSTP、PTN、IPRAN 和 WDM/OTN 等多项传输技术，逻辑上可以分为 3 个层次，即接入层、汇聚层和核心层，如图 0-2 所示。

由图 0-2 可知，接入层下连接基站，是承载网中离用户最近的层次，接入层的速率一般不高，宜选用小型设备；汇聚层在接入层之上，由多条接入层链路汇聚而成，速率相对较高，宜选用中型设备；核心层位于汇聚层之上，是承载网的主干道，速率高，宜选用大型设备。

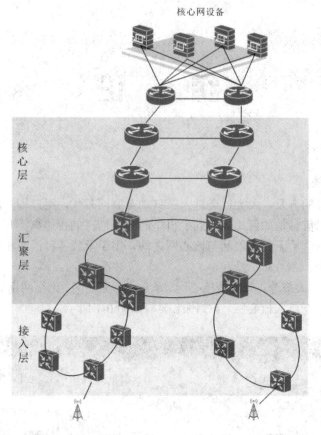

图 0-2　承载网的层次

2. 承载网设备

1) 路由器

路由器(Router)是连接因特网中各局域网、广域网的设备,它会根据信道的情况自动选择和设定路由,以最佳路径按先后顺序发送信号。在本书的虚拟仿真平台中,路由器分为大、中、小三种类型,具体如表 0-1 所示。

表 0-1　路由器的类型

比较项目	大型路由器	中型路由器	小型路由器
接口类型	100 G/40 G/10 G	40 G/10 G/1 G	1 G
系统吞吐量	1.6 Tb/s	320 Gb/s	12 Gb/s
最大高速线卡数	16	8	2

2) PTN

分组传送网(Packet Transport Network,PTN)是支持多种基于分组交换业务的双向点对点连接通道,具有适合各种粗细颗粒业务、端到端的组网能力,提供了更加适合于 IP 业务特性的“柔性”传输管道,具备丰富的保护方式。在虚拟仿真平台中,PTN 分为大、中、小三种类型,具体如表 0-2 所示。

表 0-2 PTN 的类型

比较项目	大型 PTN	中型 PTN	小型 PTN
接口类型	100 G/40 G/10 G	40 G/10 G/1 G	10 G/1 G
系统吞吐量	1.28 Tb/s	320 Gb/s	40 Gb/s
最大高速线卡数	16	8	4

3) OTN

光传送网(Optical Transport Network，OTN)是以波分复用技术为基础的在光层组织网络的传送网，是下一代骨干传送网。OTN 跨越了传统的电域(数字传送)和光域(模拟传送)，是管理电域和光域的统一标准。在虚拟仿真平台中，OTN 分为大、中、小三种类型，具体如表 0-3 所示。

表 0-3 OTN 的类型

比较项目	大型 OTN	中型 OTN	小型 OTN
客户侧光口速率	100 G/40 G/10 G	40 G/10 G/1 G	10 G/1 G
交叉类型	分布式交叉/集中式交叉	分布式交叉/集中式交叉	分布式交叉
线路侧光口速率	OTU4/OTU3/OTU2	OTU3/OTU2	OTU2/OTU1

3. IUV 虚拟仿真平台简介

本书的实践操作采用的是深圳市 IUV 科技有限公司开发的 IUV_Pre5G 虚拟仿真平台。该平台能完成 4G 与 5G 网络拓扑规划、容量规划、设备配置、数据配置及业务调试功能。本书着重介绍承载网的应用。

1) 网络拓扑规划

图 0-3 所示为 IUV_Pre5G 虚拟仿真平台的网络拓扑规划界面，可通过拖曳资源池的设备来规划无线网、核心网及承载网的网络拓扑。

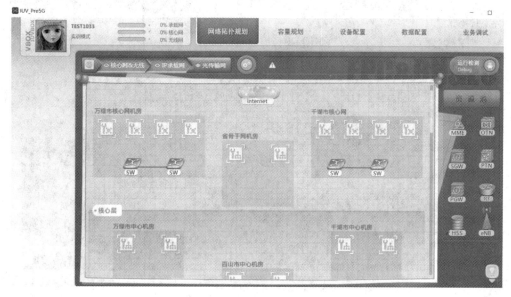

图 0-3 网络拓扑规划界面

2) 容量规划

图 0-4 所示为容量规划界面，可依据人口数量、区域类型、通信需求等因素选择合适的模型，对无线接入网、核心网以及承载网进行容量规划。

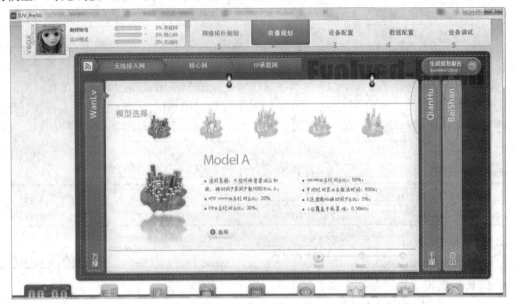

图 0-4　容量规划界面

3) 设备配置

IUV_Pre5G 虚拟仿真平台模拟国内一线大型城市(万绿市)、一线中型城市(千湖市)、三线小型城市(百山市)3 种网络建设场景，共包括 3 个无线站点机房、2 个核心网机房及 12 个承载网机房，设备配置如图 0-5 所示。

图 0-5　虚拟仿真平台的设备配置

4) 数据配置

在完成设备配置后，要使网络中的设备能够互通，还需要对设备进行数据配置。配置界面如图 0-6 所示。

图 0-6　数据配置界面

5) 业务调试

要检验前面的设备配置和数据配置是否正确，可通过业务调试模块进行验证。承载网的调试工具有 Ping、Trace、光路检测、状态查询四种。Ping、Trace 能检测设备之间 IP 链路的连通性；光路检测能检测 OTN 设备之间的光信号是否有误；状态查询能实现物理接口、VLAN、IP 接口、路由器、OSPF 邻居、电交叉配置、频率配置等状态信息的查询。业务调试界面如图 0-7 所示。

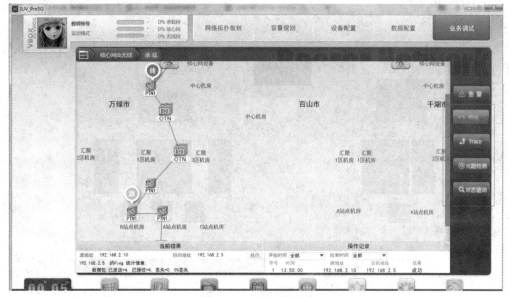

图 0-7　业务调试界面

完成了网络建设后可对核心网及无线网业务进行测试。该平台支持智能手机终端下载速率、视频播放、网页浏览等功能的测试，如图 0-8 所示。

图 0-8　业务测试

项目一

PTN 设备部署与应用

任务1 PTN 实现站点对接

任务描述

万绿市无线网及核心网已全部建好，承载网已完成一部分建设，其中承载中心机房、汇聚1区机房已经建好，请完成B站点与A站点机房、C站点与A站点机房的设备对接工作。

相关知识

1. PTN 概述

PTN 是基于分组交换、面向连接的多业务统一传送技术，不仅能较好地承载以太网业务，而且兼顾了传统的 TDM 和 ATM 业务，满足高可靠、可灵活扩展、严格 QoS 和完善的 OAM 等基本属性。PTN 具有以下特点：

(1) 具有适合各种粗细颗粒业务、端到端的组网能力，提供了更加适合于 IP 业务特性的"柔性"传输管道。

(2) 具备丰富的保护方式，遇到网络故障时能够实现基于 50 ms 的电信级业务保护倒换，实现传输级别的业务保护和恢复。

(3) 继承了 SDH 技术的操作、管理和维护机制(OAM)，具有点对点连接的完美 OAM 体系，保证网络具备保护切换、错误检测和通道监控能力。

(4) 完成了与 IP/MPLS 多种方式的互连互通，无缝承载核心 IP 业务。

(5) 网管系统可以控制连接信道的建立和设置，实现了业务 QoS 的区分和保证，能灵活提供 SLA。

(6) 可利用各种底层传输通道(如 SDH、Ethernet、OTN)。

2. PTN 的典型应用

PTN 设备主要用于承载网的接入层、汇聚层及核心层的组网，实现数据的高速转发，能提供 TDM、ATM、STM、POS、FE、GE 等丰富的业务接口 ，通过 PWE3 伪线仿真接入 TDM、ATM、Ethernet 业务，并能将业务传送至核心网。PTN 的典型组网如图 1-1 所示。

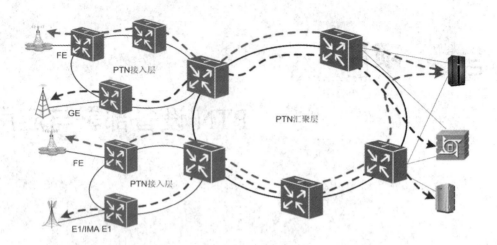

图 1-1　PTN 的典型组网

3. 虚拟仿真平台中的 PTN

在本虚拟仿真平台中，PTN 设备分为大型设备、中型设备、小型设备三种。图 1-2 所示的大型设备包含 5 个 100G、5 个 40G、8 个 10G 的接口。

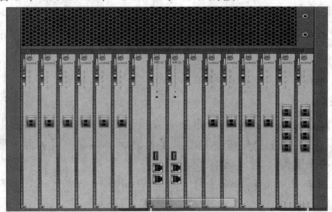

图 1-2　仿真平台中的大型 PTN 设备

实施步骤

1. 拓扑规划

任务中的拓扑规划如图 1-3 所示，用 PTN 实现万绿市 C 站点、B 站点、A 站点之间的连接，IP 地址规划如表 1-1 所示。

表 1-1　IP 地址规划表

设　备	IP 地址	备　注	接口
A 站点小型 PTN	172.16.10.1/24	与 B 站点 PTN 对接地址	10G
	172.16.20.1/24	与 C 站点对接 IP 地址	10G
B 站点中型 PTN	172.16.10.2/24	与 A 站点对接 IP 地址	10G
C 站点中型 PTN	172.16.20.2/24	与 A 站点对接 IP 地址	10G

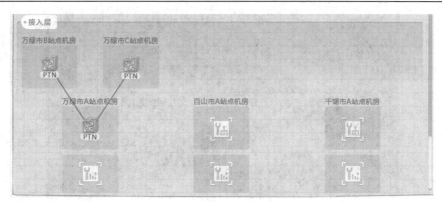

图 1-3　拓扑规划

2. 设备安装

1) 万绿市 A 站点机房

进入万绿市 A 站点机房，首先完成 AAU 的安装，如图 1-4 所示。视图左侧是基站的铁塔，右侧上方是设备连接指示图，右侧下方是设备池。只需按住鼠标左键拖动，即可将设备池中的 RRU 或者 AAU 安装在基站上。设备安装完成后，设备连接指示图就会显示已经安装好的设备。

图 1-4　万绿市 A 站点机房 AAU 的安装

接下来进行 BBU 的安装，用鼠标将设备池中的 BBU 拖进机柜中即可，如图 1-5 所示。

图 1-5　万绿市 A 站点机房 BBU 的安装

用同样的办法完成 PTN 的安装，这里选用的是小型 PTN，如图 1-6 所示。

图 1-6　万绿市 A 站点机房 PTN 的安装

设备完成安装后,要将各设备连接起来,BBU 的 TX/TR 端口采用成对 LC-LC 光纤与 PTN 的 GE 端口相连,TX0/TR0、TX1/TR1、TX2/TR2 分别与三个 AAU 的 OPT1 相连,BBU 的 IN 端口采用 GPS 馈线与 GPS 相连,如图 1-7 所示。

图 1-7　万绿市 A 站点机房设备连线

不同机房的连接需要通过 ODF(光纤配线架)来完成,如图 1-8 所示,ODF 架 T 对应的是本端,R 对应的是对端。例如,要实现 A 站点机房去往 B 站点机房,可用 ODF 架本端 A 站点机房 PTN 10G 端口(此处选择 3 端口)与 ODF 架本端是 A 站点机房、对端是 B 站点机房的这对端口相连,连接好之后在设备指示图中会有显示。A 站点与 C 站点的连接方法与上述方法类似(PTN 端口号为 4 端口),此处不再赘述。应注意的是,凡是与 ODF 架相连,如果是双纤,要选择成对 LC-FC 光纤,如果是单纤,要选择 LC-FC 光纤。

图 1-8　万绿市 A 站点机房 PTN 与 ODF 的连接

2) 万绿市 B 站点机房

进入万绿市 B 站点机房,选用中型 PTN 进行安装,因 A 站点机房去往 B 站点机房用的是 10G 端口,故从 B 站点去往 A 站点机房也应该选择 PTN 的 10G 端口,中型 PTN 的 6 号单板的端口速率均是 10 Gb/s,此处选择 6 号单板的第 1 个端口,采用成对 LC-FC 光纤与 ODF 架本端是万绿市 B 站点机房、对端是万绿市 A 站点机房的这对端口相连,如图 1-9 所示。此处应注意,站点机房在对接的时候其端口速率一定要保持一致。

图 1-9　万绿市 B 站点机房 PTN 与 ODF 的连接

3) 万绿市 C 站点机房

在万绿市 C 站点机房安装一台中型的 PTN 设备,前面 A 站点机房去往 C 站点机房的端口是 10G 端口,故 C 站点机房去往 A 站点机房也应该选择 PTN 的 10G 端口,中型 PTN 的 6 号单板的端口速率均是 10 Gb/s,此处选择 6 号单板的第 1 个端口,与 ODF 架的本端是 C 站点机房、对端是 A 站点机房的这对端口相连,如图 1-10 所示。

图 1-10　万绿市 C 站点机房 PTN 与 ODF 连接

3. 数据配置

1) 万绿市 A 站点机房 PTN 数据配置

根据上述设备连线,A 站点机房 PTN 使用了 GE 端口去往 BBU,10G 单板的 3 端口去往 B 站点机房,4 端口去往 C 站点机房,故其接口状态是 up。如果出现接口状态为 down,应检查端口连线是否成功,端口对接速率是否一致。

根据前面的数据规划，3 端口对接 B 站点机房，关联 VLAN 10，4 端口对接 C 站点机房，关联 VLAN 20。A 站点 PTN 物理接口配置如图 1-11 所示。

图 1-11　万绿市 A 站点机房 PTN 物理接口配置

根据 VLAN 进行接口地址的配置，在设备配置中相当于 VLANIF 接口，IP 地址的设置如图 1-12 所示。

图 1-12　万绿市 A 站点机房 PTN 的 IP 地址设置

2)　万绿市 B 站点机房 PTN 数据配置

万绿市 B 站点机房 PTN 与 A 站点 PTN 对接，根据上述连线，选择的是 6 号单板的第 1 个端口，故其接口状态是 up。根据数据规划，该端口关联 VLAN 10，配置如图 1-13 所示。

要注意的是，因 A 站点 PTN 选用的是 10G 的端口，配置的是 VLAN10，地址是 172.16.10.1/24，故 B 站点 PTN 与 A 站点对接也必须选 10G 的端口，必须配置相同的 VLAN，且地址与 A 站点必须在同一网段，如图 1-14 所示。

图 1-13 万绿市 B 站点 PTN 物理接口配置

图 1-14 万绿市 B 站点机房 PTN 的三层 VLAN 接口地址配置

3) 万绿市 C 站点机房 PTN 数据配置

万绿市 C 站点机房 PTN 与 A 站点 PTN 对接,其 VLAN 三层接口地址配置如图 1-15 所示。

图 1-15 万绿市 C 站点机房 PTN 的三层 VLAN 接口地址配置

4. 测试验证

使用仿真平台的调试工具对已安装和配置完的设备进行测试，测试结果如图 1-16、图 1-17 所示。由图 1-16 和图 1-17 可知，通过 PTN 设备组网，分别实现了 A 站点与 B 站点、A 站点与 C 站点之间的互通。

图 1-16　A 站点与 B 站点连通性测试结果

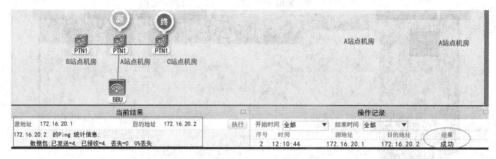

图 1-17　A 站点与 C 站点连通性测试结果

思考：A 站点与 B 站点可以互通，A 站点与 C 站点可以互通，但 B 站点与 C 站点无法通信，这是为什么？

任务小结

本次任务的内容只涉及 PTN 与 PTN 之间的通信，对于基站 BBU 与 AAU 之间的配置并未涉及，后续课程再介绍这部分内容。

在设备安装方面要注意对接的接口速率要一致(如 10G 只能对接 10G)，并且要记录好对接的端口信息，以便在数据配置时找准接口，正确配置 IP 地址及 VLAN 等信息。当小型 PTN 与中型 PTN 对接时，只能选用双方共有的接口(比如 10G)，大型 PTN 与中型 PTN 对接时也是如此。

当完成设备安装和数据配置后，如果站点之间不通，首先排查对接的接口速率是否一致，然后查看 ODF 与 PTN 设备之间是否连接有误，最后排查数据配置时的 VLAN id 号与三层接口地址是否对应，具体的排错方法需要在实践中慢慢积累。

任务拓展

分别在万绿市 A 站点、B 站点及汇聚 1 区机房放置 PTN 组网，拓扑连接如图 1-18 所示。

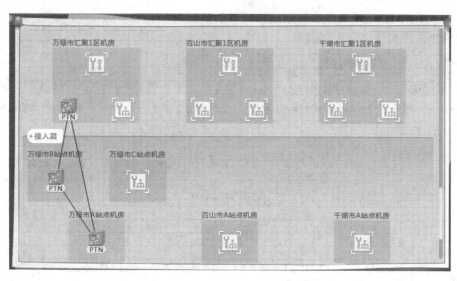

图 1-18 站点拓扑连接图

IP 地址规划及设备选型如表 1-2 所示，请按照要求完成三个机房的设备安装及数据配置，最终实现三个站点之间的互通。

表 1-2 IP 地址规划及设备选型

设 备	IP 地址	备 注	接口
A 站点小型 PTN	172.16.10.1/24	与 B 站点 PTN 对接地址	10 G
	172.16.20.1/24	与汇聚 1 站点对接 IP 地址	10 G
B 站点中型 PTN	172.16.10.2/24	与 A 站点对接 IP 地址	10 G
	172.16.30.1/24	与汇聚 1 站点对接 IP 地址	40 G
汇聚 1 区机房中型 PTN	172.16.20.2/24	与 A 站点对接 IP 地址	10 G
	172.16.30.2/24	与 B 站点对接 IP 地址	40 G

任务 2 PTN 的 VLAN 技术

任务描述

为了熟悉 PTN 设备实现 VLAN 间的通信原理，请在万绿市汇聚 1 区机房安装 PTN，配置相关数据，实现 A 站点与 B 站点、A 站点与 C 站点间的 VLAN 通信。

相关知识

1. PTN 的端口类型

为了隔离广播，局域网必须划分 VLAN，要了解 VLAN 的划分与配置，必须先熟悉 PTN 的端口类型，端口类型主要有 access、trunk 两类。

(1) access(接入)端口：接收、发送不带标签的报文，一般与 PC、Server 相连时使用，只属于 1 个 VLAN。

(2) trunk(中继)端口：接收、发送带标签的报文，一般用于级联端口传递多组 VLAN 信息时使用，可属于多个 VLAN。

2. VLAN 通信的基本原理

VLAN 间通信的原理如图 1-19 所示，4 台 PC 分别连接到两个 PTN 上，PC 与 PTN 之间的链路类型设置为 access，PTN 互联的 3 端口设置类型为 trunk，以承载 VLAN10 和 VLAN20 的流量。

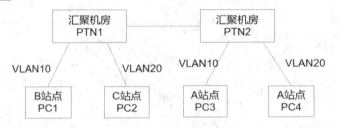

图 1-19　VLAN 间的通信原理

根据图中 1-19 中地址及 VLAN 规划，B 站点 PC1 与 A 站点 PC3 可互通，C 站点 PC2 与 A 站点 PC4 可互通。因为 B 站点 PC1 与 C 站点 PC2 不属于同一个 VLAN，所以不能互通。

实施步骤

1. 网络规划

依据任务要求，拓扑规划如图 1-20 所示，在汇聚 1 区机房安装两个 PTN 设备，A、B、C 三个站点用 PTN 设备模拟 PC(提供 IP 地址)。

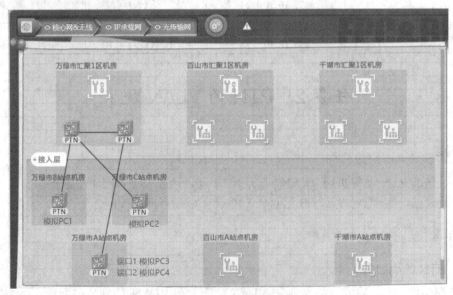

图 1-20　拓扑规划图

A 站点、B 站点、C 站点 PTN 模拟 PC 的 IP 地址规划如表 1-3 所示，为方便安装，统一选用大型 PTN。

表 1-3 IP 地址规划表

设 备	IP 地址	VLAN	接口及类型	备 注
A 站点大型 PTN	192.168.10.2/24	VLAN10	100G、access	模拟 PC1
	192.168.20.2/24	VLAN20	100G、access	模拟 PC2
B 站点大型 PTN	192.168.10.1/24	VLAN10	100G、access	模拟 PC3
C 站点大型 PTN	192.168.20.1/24	VLAN20	100G、access	模拟 PC4
汇聚 1 区两个大型 PTN	无	VLAN10	100G、trunk	
		VLAN20	100G、trunk	

2. 设备安装

1) 万绿市承载 1 区汇聚机房 PTN 安装

万绿市承载 1 区汇聚机房 PTN1 的 1 端口对接 B 站点 PTN 的 1 端口,与 ODF 架本端是 A 站点机房、对端是 B 站点机房的这对端口相连。2 端口对接 C 站点 PTN 的 1 端口,与 ODF 架本端是 A 站点机房、对端是 C 站点机房的这对端口相连。3 端口对接本机房 PTN2 的 3 端口。如图 1-21 所示。

图 1-21 万绿市承载 1 区汇聚机房 PTN1 的连接

承载 1 区汇聚机房 PTN2 的线缆连接是 1 端口通过 ODF 架对接 A 站点 PTN 的 1 端口,2 端口通过 ODF 架对接 A 站点 PTN 的 2 端口,3 端口通过 ODF 架对接本机房 PTN1 的 3 端口,如图 1-22 所示。

图 1-22 万绿市承载 1 区汇聚机房 PTN2 的连接

2) B 站点、C 站点、A 站点机房 PTN 安装

(1) B 站点机房 PTN 端口 1 通过 ODF 对接汇聚 1 区 PTN1 的 1 端口。

(2) C 站点机房 PTN 端口 1 通过 ODF 对接汇聚 1 区 PTN1 的 2 端口。

(3) A 站点机房 PTN 端口 1 通过 ODF 对接汇聚 1 区 PTN2 的 1 端口。

(4) A 站点机房 PTN 端口 2 通过 ODF 对接汇聚 1 区 PTN2 的 2 端口。

3. 数据配置

1) 万绿市承载 1 区汇聚机房 PTN1 数据配置

万绿市承载 1 区汇聚机房 PTN1 的 1 端口和 2 端口的 VLAN 模式设置为 access，3 端口设置为 trunk，并让其通过 VLAN10 和 VLAN20，如图 1-23 所示。

图 1-23　万绿市承载 1 区汇聚机房 PTN1 的物理接口配置

万绿市承载 1 区汇聚机房 PTN2 的 1 端口和 2 端口的 VLAN 模式设置为 access，3 端口设置为 trunk，并让其通过 VLAN10 和 VLAN20，如图 1-24 所示。

图 1-24　万绿市承载 1 区汇聚机房 PTN2 的物理接口配置

2) 万绿市 A 站点机房 PTN 数据配置

万绿市 A 站点机房 PTN 的物理接口配置如图 1-25 所示，端口 1 和端口 2 分别关联 VLAN10 和 VLAN20。

图 1-25 万绿市 A 站点机房 PTN 物理接口配置

万绿市 A 站点机房 PTN 的 VLAN 三层接口配置如图 1-26 所示。

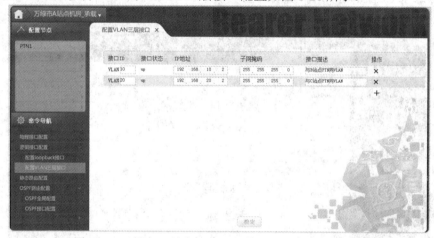

图 1-26 万绿市 A 站点机房 PTN 的 VLAN 三层接口配置

3) 万绿市 B 站点机房 PTN 数据配置

万绿市 B 站点机房 PTN 的物理接口配置如图 1-27 所示。

图 1-27 万绿市 B 站点机房 PTN 物理接口配置

万绿市 B 站点机房 PTN 的 VLAN 三层接口配置如图 1-28 所示。

图 1-28　万绿市 B 站点机房 PTN 的三层 VLAN 接口配置

4) 万绿市 C 站点机房 PTN 数据配置

万绿市 C 站点机房 PTN 的物理接口配置如图 1-29 所示。

图 1-29　万绿市 C 站点机房 PTN 物理接口配置

万绿市 C 站点机房 PTN 的 VLAN 三层接口配置如图 1-30 所示。

图 1-30　万绿市 C 站点机房 PTN 的三层 VLAN 接口配置

4. 测试验证

使用仿真平台的调试工具，对已安装和配置完的设备进行测试，测试结果如图 1-31、图 1-32 所示，由测试结果可知通过 PTN 可实现 VLAN 间的通信。

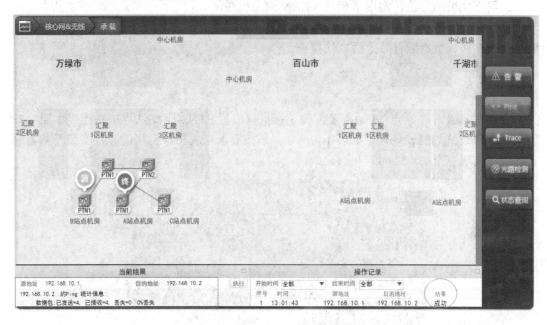

图 1-31　VLAN 10 间的 Ping 测试结果

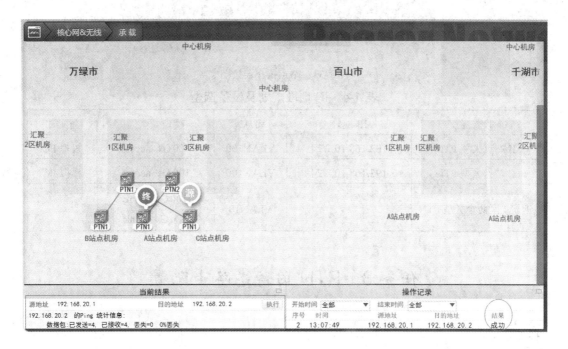

图 1-32　VLAN 20 间的 Ping 测试结果

思考：VLAN10 和 VLAN20 之间为什么无法通信？

任务小结

在本次任务的内容中，万绿市汇聚1区机房的两个 PTN 并没有配置 IP 地址，而是充当了二层交换机的角色，实现了相同 VLAN 的主机通信。

在数据配置过程中，要分清楚设备接口的类型是 access 还是 trunk，如果网络不通，要从设备连接、数据配置等方面依次排查。

任务拓展

分别在万绿市 C 站点、B 站点及汇聚1区机房放置 PTN 组网，站点拓扑连接如图 1-33 所示，IP 地址规划及设备选型如表 1-4 所示。请按要求完成三个机房的设备安装及数据配置，最终实现三个站点之间的互通。

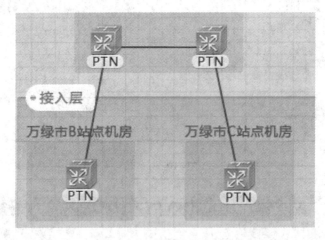

图 1-33　站点拓扑连接图

表 1-4　IP 地址规划及设备选型

设　备	IP 地址	VLAN	接口及类型	备　注
B 站点大型 PTN	192.168.10.1/24	VLAN100	100G、access	模拟 PC
C 站点大型 PTN	192.168.10.2/24	VLAN100	100G、access	模拟 PC
汇聚1区两个大型 PTN	无	VLAN10	100G、trunk 100G、trunk	

任务3　PTN 的静态路由配置

任务描述

为了实现 A 站点、B 站点、C 站点、汇聚1区机房之间的互联互通，请在万绿市站点机房安装 PTN，配置相关数据，完成网络的调试与测试。

相关知识

1. 路由表

路由器为执行数据转发路径选择所需要的信息被包含在路由器的一个表项中，该表被称为路由表。当路由器检测到数据包的目的 IP 地址时，就可以根据路由表中的内容决定数据包应该转发到下一跳哪个地址上去，路由表被存放在路由器的 RAM 中。

路由表的关键信息有：

(1) 目的网络地址(Dest)/掩码(Mask)。

(2) 协议(Protocol)：主要有静态、OSPF、RIP、ISIS。

(3) 路由优先级(Preference)：优先级高(数值小)的将成为当前的最优路由。

(4) 下一跳地址(NextHop)。

缺省路由是一个路由表条目，用来转发在路由表中找不到明确路由条目的数据包，它可以是管理员设定的静态路由，也可以是动态路由协议自动产生的，其优点是能极大减少路由表条目，缺点是不正确配置时可能导致路由环路或非最佳路由。

缺省路由的目的地址(0.0.0.0)和掩码(0.0.0.0)可以代表任何目的网络，找准其下一跳地址，就能准确配置缺省路由。

配置静态路由需给出目的地址、子网掩码及下一跳地址，如图 1-34 所示。

图 1-34　静态路由的配置方法

需要注意的是，目的地址最好是网络地址，以方便减少静态路由配置的条目数量，要知道其网络地址，就必须先知道该地址的子网掩码，而且下一跳地址也不能写错，否则连接不通。

2. PTN 的 IP 地址配置

PTN 设备的接口不能直接配置 IP 地址，要想给 PTN 设备配置 IP 地址，首先要将物理接口关联 VLAN，如图 1-35 所示。

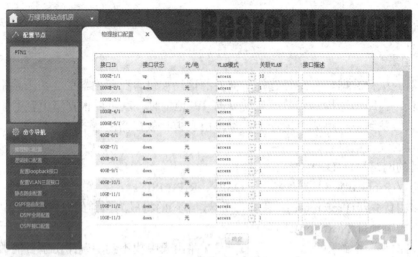

图 1-35　PTN 中 VLAN 关联物理接口

然后配置 VLAN 三层接口，如图 1-36 所示。

图 1-36　PTN 配置 VLAN 三层接口配置

3. 静态路由配置分析

如图 1-37 所示，三台 PTN 依次相连，PTN1、PTN3 分别连接 PC，PTN 之间的端口类型全设置为 access，PTN 端口所属 VLAN 及地址规划在图中均有说明，根据前面任务所学到的知识，完成物理接口配置和三层接口配置后，PC 之间是不能实现互通的。

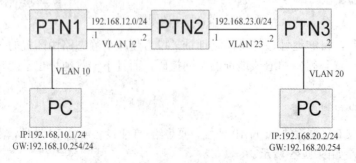

图 1-37　PTN 的静态路由配置

如果要实现互联互通，必须要为 PTN 配置路由。对于 PTN1 来说，直连的两个网段分别是 192.168.10.0/24 和 192.168.12.0/24，而另外两个网段 192.168.23.0/24 和 192.168.20.0/24 为非直连网段，因此需要配置路由，配置时目的网段为 192.168.23.0/24 和 192.168.20.0/24，下一跳地址为 192.168.12.2。

用同样的方法分析 PTN2 和 PTN3，可得出路由关键信息如表 1-5 所示。

表 1-5 PTN 路由的关键信息

	直连网段	目的网段及掩码	下一跳地址
PTN1	192.168.10.0/24	192.168.23.0/24	192.168.12.2
	192.168.12.0/24	192.168.20.0/24	192.168.12.2
PTN2	192.168.12.0/24	192.168.10.0/24	192.168.12.1
	192.168.23.0/24	192.168.20.0/24	192.168.23.2
PTN3	192.168.23.0/24	192.168.10.0/24	192.168.23.1
	192.168.20.0/24	192.168.12.0/24	192.168.23.1

从表 1-5 可以看出，PTN1 两个网段的下一跳地址都是 192.168.12.2，可使用缺省路由的配置方法，将目的地址和掩码修改为 0.0.0.0 0.0.0.0，下一跳地址为 192.168.12.2。缺省路由适合边缘路由器，其下一跳地址唯一，可减少手工配置的路由条目数。PTN3 的路由同样可以用此方法配置。

实施步骤

1. 网络规划

依据任务要求，拓扑规划如图 1-38 所示，在汇聚 1 区机房、C 站点机房安装 3 个 PTN 设备，A 站点和 B 站点用 PTN 设备模拟 PC(提供 IP 地址)。

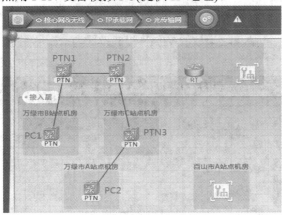

图 1-38 拓扑规划

PTN 设备的 IP 地址规划如表 1-6 所示，为方便安装，统一选用大型 PTN。

表 1-6 IP 地址规划表

设 备	IP 地址	VLAN	接口及类型	备 注
汇聚 1 区机房 PTN1	192.168.10.254/24	VLAN10	100G、access	对接 PC1
	192.168.12.1/24	VLAN12	100G、access	对接 PTN2

续表

汇聚 1 区机房 PTN2	192.168.12.2/24	VLAN12	100G、access	对接 PTN1
	192.168.23.1/24	VLAN23	100G、access	对接 PTN3
C 站点机房 PTN3	192.168.23.2/24	VLAN23	100G、access	对接 PTN2
	192.168.20.254/24	VLAN20	100G、access	对接 PC2
A 站点机房 PTN(PC1)	192.168.20.1/24	VLAN20	100G、access	模拟 PC
B 站点机房 PTN(PC2)	192.168.10.1/24	VLAN10	100G、access	模拟 PC

2. 设备安装

汇聚 1 区所有机房安装大型 PTN，用 100 G 的接口对接进行组网，其中汇聚 1 区机房 PTN1 和 PTN2、C 站点机房 PTN3 组成不同网段的拓扑，B 站点和 A 站点 PTN 模拟 PC，设备配置如图 1-39 所示。

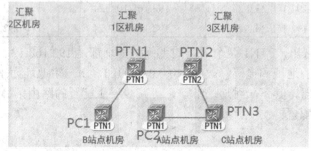

图 1-39　设备配置

备注：本次任务只给出了设备连接后业务调试界面的拓扑图，安装过程在前面两次任务中有详细介绍，可供参考。

3. 数据配置

1) 汇聚 1 区 PTN 数据配置

汇聚 1 区 PTN1 的 1 端口和 2 端口的 VLAN 模式设置为 access，关联 VLAN 10 和 VLAN 12，如图 1-40 所示。

图 1-40　汇聚 1 区机房 PTN1 的物理端口配置

与关联的 VLAN 10 和 VLAN 12 配置对应的 IP 地址如图 1-41 所示。

图 1-41　与 VLAN10 和 VLAN12 配置对应的 IP 地址

　　汇聚 1 区 PTN2 的 1 端口和 2 端口的 VLAN 模式设置为 access，关联 VLAN12 和 VLAN23，如图 1-42 所示。

图 1-42　汇聚 1 区机房 PTN2 的物理端口配置

　　配置 PTN2 的 VLAN 三层接口地址，如图 1-43 所示。

图 1-43　汇聚 1 区机房 PTN2 的 VLAN 三层接口配置

2) 万绿市 C 站点机房 PTN 数据配置

万绿市 C 站点机房 PTN 的物理接口配置如图 1-44 所示，100 GE-1/1 端口及 100 GE-2/1 端口接口状态为 up，根据实物设备连线，它们分别连接 PC 及汇聚机房的 PTN2，因此两个端口分别关联 VLAN20 和 VLAN23。

图 1-44　万绿市 C 站点机房 PTN 物理接口配置

万绿市 C 站点机房 PTN1 三层 VLAN 三层接口配置如图 1-45 所示。

图 1-45　万绿市 C 站点机房 PTN1 的 VLAN 三层接口配置

3) 万绿市 A 站点机房 PC(PTN)数据配置

万绿市 A 站点机房 PC(PTN)的物理接口和 VLAN 三层接口配置如图 1-46、图 1-47 所示。

图 1-46   万绿市 A 站点机房 PC(PTN)物理接口配置

图 1-47   万绿市 A 站点机房 PC(PTN) VLAN 三层接口配置

4) 万绿市 B 站点机房 PC(PTN)数据配置

万绿市 B 站点机房 PC(PTN)的物理接口和 VLAN 三层接口配置如图 1-48、图 1-49 所示。

图 1-48   万绿市 B 站点机房 PC(PTN)物理接口配置

图 1-49　万绿市 B 站点机房 PC(PTN)的 VLAN 三层接口配置

5) 路由配置

完成以上配置后，PTN 与 PTN 之间实现两两互通，但跨 PTN 之间仍无法通信。现在为 PTN 配置静态路由，按照表 1-6 的分析，为 PTN1、PTN2、PTN3 配置静态路由如图 1-50、图 1-51、图 1-52 所示。

图 1-50　PTN1 的静态路由配置

图 1-51　PTN2 的静态路由配置

图 1-52　PTN3 的静态路由配置

　　配置完三个 PTN 的静态路由后,PC1 与 PC2 之间可以互通,但这里是用 PTN 模拟 PC,因此需要在 A 站点和 B 站点的 PTN 上配置一条缺省路由,如图 1-53、图 1-54 所示。

图 1-53　A 站点 PC(PTN)配置静态路由

图 1-54　B 站点 PC(PTN)配置静态路由

4. 测试验证

使用仿真平台的调试工具，对已安装和配置完的设备进行测试，测试结果如图 1-55 所示，由测试结果可知通过静态路由配置可实现不同 VLAN 间的通信。

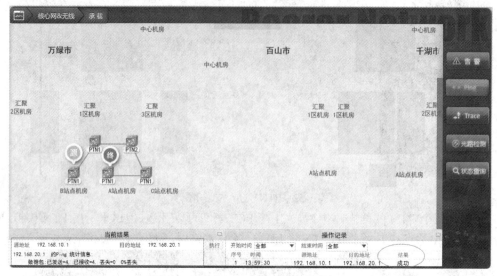

图 1-55　VLAN 10 间的 Ping 测试结果

任务小结

在配置过程中，要注意以下细节：

(1) 为 PTN 配置接口 IP 地址的时候，接口类型只能选择 access，不能选用 trunk。

(2) 对接的 PTN 之间的地址必须在同一网段，而 VLAN 可以不同。比如，汇聚 1 区 PTN1 与 PTN2 都使用端口 2 对接，PTN1 的端口 2 关联 VLAN12，IP 地址为 192.168.12.1/24，而 PTN2 的端口 2 关联 VLAN200，IP 地址为 192.168.12.2/24，结果也可以相互通信，同学们可自行验证。

(3) 本次任务的内容使用了 PTN 代替 PC，需要在 PTN 中添加 1 条缺省路由，但如果是真实的 PC 则不需要增加缺省路由。

任务拓展

分别在万绿市 C 站点、B 站点及汇聚 1 区机房放置 PTN 组网，站点拓扑连接如图 1-56 所示。

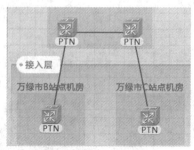

图 1-56　站点拓扑连接图

请为 PTN 配置静态路由，根据要求完成 IP 地址规划及设备选型，完成三个机房的设备安装及数据配置，最终实现 PTN 之间互通。

任务 4　PTN 的 OSPF 路由配置

任务描述

为了实现 A 站点、B 站点、C 站点、汇聚 1 区站点之间的互联互通，请在万绿市站点机房安装 PTN，配置相关数据，完成网络的调试与测试。

相关知识

1. OSPF 协议介绍

OSPF(Open Shortest Path First，开放式最短路径优先路由协议，是一种链路状态(Link-state)的路由协议，一般用于同一个路由域内。路由域是一个自治系统(Autonomous System，简称 AS)，指的是一组通过统一路由政策或路由协议互相交换路由信息的网络。在 AS 中的所有 OSPF 路由器都维护一个相同的数据库，该数据库中存放的是路由域中相应链路的状态信息，OSPF 路由器通过数据库计算出 OSPF 路由表。

2. OSPF 路由配置分析

如图 1-57 所示，PTN 的静态路由配置是由 3 台 PTN 组成的网络，2 台 PC 分别连接到两个 PTN 上，PC 与 PTN 之间、PTN 与 PTN 之间的链路类型全设置为 access，PTN 接口关联的 VLAN 及 IP 地址在图中均有说明，完成物理接口配置及 VLAN 三层接口配置后，PC 之间是不能互通的。

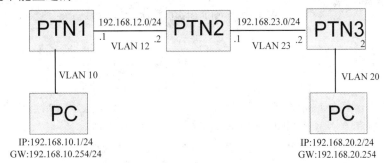

图 1-57　PTN 的静态路由配置

如果要实现互联互通，除了用静态路由的方法实现之外，还可以配置 OSPF 协议，配置 OSPF 协议时，只需公布 PTN 的接口网段即可。

3. OSPF 的配置方法

静态路由配置需手工逐条配置，适合网络拓扑固定、设备数量不多的应用场景，一旦设备数量较多，使用动态路由配置会更方便，动态路由中比较常见的是 RIP 和 OSPF 协议，但 RIP 协议支持的跳数有限(最大 15 跳)，因此 OSPF 协议深受欢迎。

在本虚拟仿真平台中，将 OSPF 的配置分为两个步骤：OSPF 全局配置及 OSPF 接口配置。

(1) OSPF 全局配置。如图 1-58 所示，OSPF 状态必须为启用，进程号可以自定义，router-id 可以为全网唯一的 loopback 地址，也可以是某个接口的 IP 地址，如果勾选"重分发"为"静态"，则可将静态路由引入 OSPF，如果勾选"通告缺省路由"，则可将缺省路由引入 OSPF 路由中。

图 1-58　OSFP 全局配置

(2) OSPF 的接口配置。如图 1-59 所示，虚拟仿真平台会自动读取接口 IP 地址，配置时只需按要求选择"启用"或"未启用"即可。

图 1-59　OSPF 的接口配置

实施步骤

1. 网络规划

依据任务要求，拓扑规划如图 1-60 所示，在 A 站点、B 站点、C 站点机房安装 3 个 PTN 设备，B 站点和 C 站点各配置一个 loopback 地址，用来模拟其他网段，启用 OSPF 协议配置 PTN，实现 loopback 地址 1.1.1.1/32 与 2.2.2.2/32 之间互通。

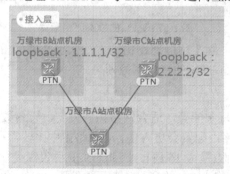

图 1-60　拓扑规划

PTN 设备选型与接口 IP 地址规划如表 1-7 所示，为方便安装，统一选用大型 PTN。

表 1-7　IP 地址规划

设　备	IP 地址	VLAN	接口及类型	备　注
C 站点 PTN	192.168.20.1/24	VLAN20	100 G、access	对接 A 站点
	2.2.2.2/32		loopback	模拟其他网段
A 站点 PTN	192.168.10.1/24	VLAN10	100 G、access	对接 B 站点
	192.168.20.1/24	VLAN20	100 G、access	对接 C 站点
B 站点 PTN	192.168.10.1/24	VLAN10	100 G、access	对接 A 站点
	1.1.1.1/32		loopback	模拟其他网段

2. 设备安装

将三个机房的 PTN 使用 100 G 的端口连接起来，安装后如图 1-61 所示。

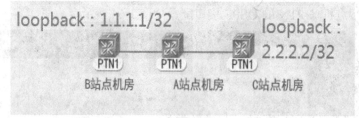

图 1-61　设备安装与连接

备注：本次任务只给出了设备连接后业务调试界面的拓扑图，安装过程在前面的任务中有详细介绍，请参考。

3. 数据配置

1) 万绿市 A 站点机房 PTN 数据配置

万绿市 A 站点机房 PTN 的 VLAN 三层接口配置如图 1-62 所示(物理接口配置自行完成)。

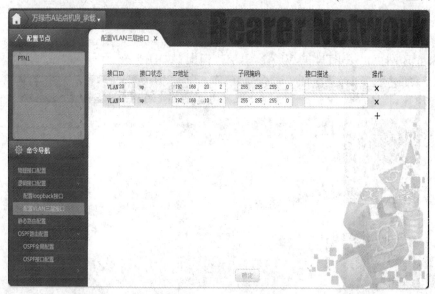

图 1-62　万绿市 A 站点机房 PTN 的 VLAN 三层接口配置

配置 A 万绿市站点机房 PTN 的 OSPF 全局配置如图 1-63 所示。

图 1-63　万绿市 A 站点机房 PTN 的 OSPF 全局配置

万绿市 A 站点机房 PTN 的 OSPF 接口配置如图 1-64 所示。

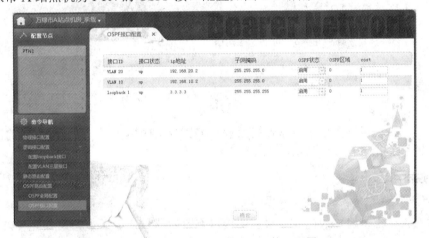

图 1-64　A 站点 PTN 的 OSPF 接口配置

2) 万绿市 B 站点机房 PTN 数据配置

万绿市 B 站点机房 PTN 的 VLAN 三层接口配置如图 1-65 所示。

图 1-65　万绿市 B 站点机房 PTN 的 VLAN 三层接口配置

万绿市 B 站点机房 PTN 的 loopback 地址配置如图 1-66 所示，A 站点机房和 C 站点机房的 loopback 地址也可参考此方法配置。

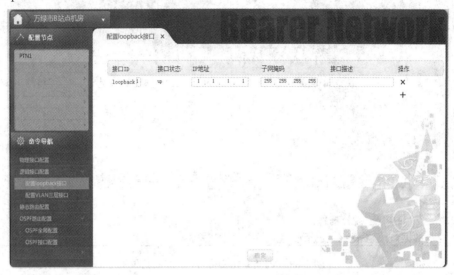

图 1-66　B 站点 PTN 的 loopback 接口地址配置

B 站点机房的 OSPF 全局配置可参考图 1-63，只需修改 router-id 为 loopback 地址 1.1.1.1 即可；B 站点机房的 OSPF 的接口配置只需将所有接口状态更改为"启用"即可。

3) 万绿市 C 站点机房 PTN 数据配置

万绿市 C 站点机房 PTN 的 VLAN 三层接口配置如图 1-67 所示。

图 1-67　C 站点 PTN 的 VLAN 三层接口配置

万绿市 C 站点机房 PTN 的 loopback 地址和 OSPF 路由配置可参考 B 站点机房，完成以上配置后，PTN 任何地址之间都能相互通信。

4. 测试验证

使用仿真平台的调试工具，对已安装和配置完的设备进行测试，测试结果如图 1-68 所示，由测试结果可知通过 OSPF 路由可实现网络互通。

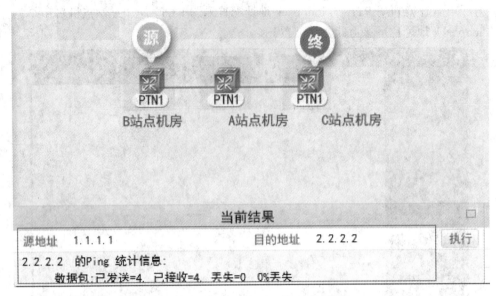

图 1-68　VLAN 10 间的 Ping 测试结果

也可以通过平台的调试工具查看设备的路由表，如图 1-69 所示。

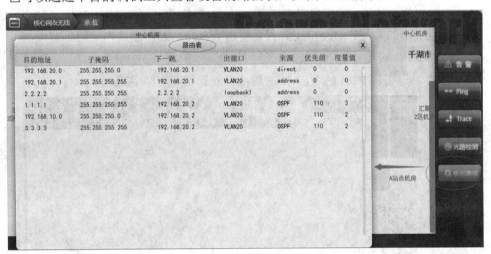

图 1-69　查看路由表

任务小结

在配置 OSPF 的过程中，需要注意以下几点：

(1) 如果修改了 IP 地址，则 OSPF 接口配置的状态也会更改为未启用，因此修改 IP 地址后需要重新启用接口状态。

(2) router-id 可以为 loopback 地址，也可以为设备的接口 IP 地址，最好是配置 loopback 地址，因为 loopback 不会因为接口故障影响接口状态，它永远是 up 状态。

(3) 本次任务中 B 站点机房和 C 站点机房的 PTN 配置了 loopback 地址是用来模拟其他网段，也是作为 PTN 的 router-id，而 A 站点机房的 loopback 地址纯粹是设为了 PTN 的 router-id。

任务拓展

　　分别在万绿市 C 站点机房、B 站点机房、A 站点机房及汇聚 1 区机房部署 PTN 组网，站点拓扑连接如图 1-70 所示。

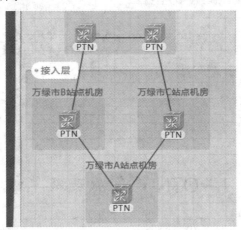

图 1-70　站点拓扑连接图

　　请根据要求为 PTN 配置 OSPF 路由，完成 IP 地址规划及设备选型，完成三个机房的设备安装及数据配置，最终能实现 PTN 之间的互通。

项目二

OTN 设备部署与应用

任务 1　OTN 设备原理及单板安装

任务描述

在现实的通信设备组网中，汇聚机房之间因距离较远，必须使用 OTN 传输设备进行联网。请在万绿市汇聚 1 区机房、汇聚 2 区机房分别安装 PTN 和 OTN 设备，配置相关数据，实现 PTN 之间的互通。

相关知识

1. OTN 概述

OTN 是以波分复用技术为基础、在光层组织网络的传送网，是下一代骨干传送网。OTN 是通过 G.872、G.709、G.798 等一系列 ITU-T 的建议所规范的新一代数字传送体系和光传送体系，解决了传统 WDM 网络无波长或子波长业务调度能力差、组网能力弱、保护能力弱等问题。同时 OTN 仿效了 SDH 传送网的功能和体系，因此在包括帧结构、功能模型、网络管理、信息模型、性能要求、物理层接口、开销安排、性能监测、网络保护、分层结构等方面，都和 SDH 有相似之处。

OTN 跨越了传统的电域(数字传送)和光域(模拟传送)，是管理电域和光域的统一标准。OTN 涵盖了光层和电层两层网络，继承了 SDH 和 WDM 的双重技术优势，其优点主要表现在：

(1) 透明传送能力。OTN 定义的 ODUk 容器，可以适配任意客户业务，包含 SDH、ATM、Ethernet、Video 等业务而不更改它们任何净荷和开销信息，异步映射模式也保证了客户信号定时信息的透明，并提供有效的管理。

(2) 支持多种客户信号的封装传送。OTN 利用数字封装技术承载各种类型的用户业务信号。相对于同步信号 SDH，OTN 可以不进行改变，直接适配到光通路净荷单元中；对于其他用户信号，OTN 大多采用通用成帧规程 GFP 进行封装，然后再适配到光通路净荷单元中。

(3) 交叉连接的可升级性。OTN 体系消除了交叉速率上的限制，可随着线路速率的增加而增加，也可以通过反向复用来适应线路速率上的限制，即各部分可分别设计、独立发展，可扩展性好，几十倍 T 级别的交换容量比较容易实现，且成本低，易于管理。

(4) 强大的带外前向纠错功能(FEC)。OTN 帧结构中专门有一个带外 FEC 区域，通过前向纠错 FEC 可获得 5～6 dB 的增益，从而降低了对光信噪比要求，增加了系统的传输距离。

(5) 串联监控。相对于 SDH 只能提供 1 级串联监控，OTN 可以提供多达 6 级的串联监控，并支持虚级联与嵌套的连接监控，因此可以适应多运营商、多设备、多子网的工作环境。

(6) 丰富的维护信号。OTN 定义了一整套用于运行、维护、管理和指配的开销，利用这些开销可以对光传送网进行全面精细的检测与管理，为用户提供一个可操作、可管理的光网络。

2. OTN 设备组网

汇聚层以上不同机房的 PTN 互联必须通过 OTN 设备，PTN 业务信号首先连接到 OTN 设备，由 OTN 设备通过 ODF 对接，再将业务信号分离出来。连接关系如图 2-1 所示。

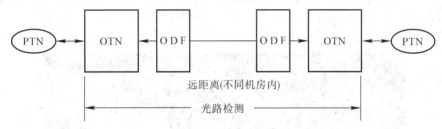

图 2-1　OTN 设备组网连接关系图

OTN 的内部结构如图 2-2 所示。PTN 设备的业务接口首先通过双纤连接到 OTU(光转换单元)板，OTU 板再通过单纤将信号送到 OMU 进行合波。在发送信息之前经过功率放大板 OBA 进行功率放大后送到 ODF 的 T(发送)端，ODF 的 R 端从外面接收光信号进来，要先经过前置放大板 OPA 进行放大，再到 ODU 板进行分波，最后通过单纤回到 OTU 板。

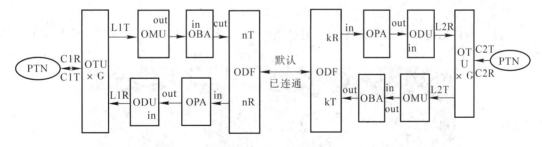

图 2-2　OTN 的内部结构

实施步骤

1. 网络规划

依据任务要求，在汇聚 1 区机房、汇聚 2 区机房安装 PTN 和 OTN 设备，设计拓扑规划如图 2-3 所示。

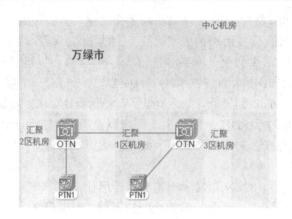

图 2-3　拓扑规划

2. 设备安装

1) 汇聚 1 区机房 PTN 与 OTN 连接

汇聚 1 区机房 PTN 与 OTN 的线缆连接如图 2-4 所示，PTN 的 1 号槽位单板速率是 100 Gb/s，此处用 1 槽位的 1 端口连接 OTN 速率为 100 Gb/s 的 OTU 单板，此处选择 16 号槽位的 OTU 单板。

图 2-4　汇聚 1 区机房 PTN1 与 OTN 的连接

OTN 的内部连接如图 2-5 所示。OTU 的 C1T/C1R 连接 PTN 的 1 端口，信号从 OTU 的 L1T 单纤出来连接至 13 槽位 OMU 的 CH1 通道进行合波，合波后从 OMU 的 out 端口

图 2-5　OTN 的内部连接

连接至 11 槽位 OBA 的 in 端口，再从 OBA 的 out 端口连接至 ODF 的 T 端；回来的光信号从 ODF 的 R 端连接至 21 槽位 OPA 的 in 端口，从 OPA 的 out 端口连接至 23 槽位 ODU 的 in 端口，再从 ODU 的 CH1 端口连接 16 槽位 OTU 的 L1R。

2) 汇聚 2 区机房 PTN 与 OTN 的设备连接

汇聚 2 区机房 PTN 端口 1 通过 OTN 连接至 ODF 的过程与上述过程类似，此处不再赘述。

3. 数据配置

1) 汇聚 1 区机房 PTN1 及 OTN 的数据配置

汇聚 1 区机房 PTN1 的 1 端口的 IP 地址设置如图 2-6 所示。

图 2-6　汇聚 1 区机房 PTN1 的 IP 地址设置

汇聚 1 区机房 OTN 的数据配置如图 2-7 所示。

图 2-7　汇聚 1 区机房 OTN 的数据配置

此处注意，OTN 的数据配置需对照设备配置选用的单板、槽位、接口和频率进行配置，如有一个参数错误，光路检测是不通的。

2) 汇聚 2 区机房 PTN 数据配置

汇聚 2 区机房 PTN1 的 1 端口的 IP 地址设置如图 2-8 所示。

图 2-8　汇聚 2 区机房 PTN1 的 1 端口的 IP 地址设置

汇聚 2 区机房 OTN 的数据配置如图 2-9 所示。

图 2-9　汇聚 2 区机房 OTN 的数据配置

4. 测试验证

使用仿真平台的光路检测调试工具，对已安装和配置完的 OTN 设备进行测试，测试结果如图 2-10 所示，由测试结果可知光路通信成功。

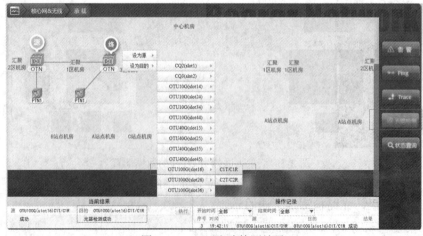

图 2-10　OTN 光路检测结果

对汇聚 1 区机房和汇聚 2 区机房的 PTN 进行 Ping 测试，结果如图 2-11 所示。

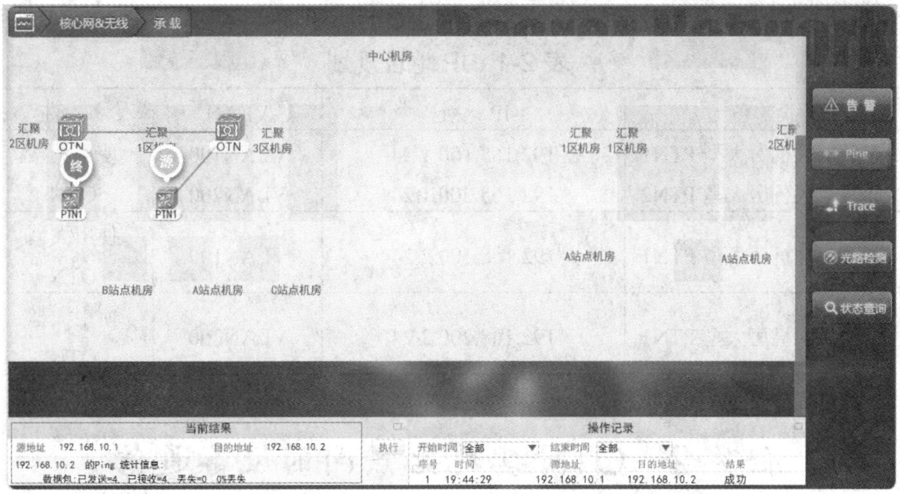

图 2-11　汇聚 1 区机房与汇聚 2 区机房 PTN 连通性测试结果

由此可知，PTN 通过 OTN 设备实现了相互之间的通信。

任务小结

在本次任务的内容中，OTN 数据配置必须与设备连接一一对应，比如 OTU 单板的容量、槽位、接口及频率等都必须与设备连接一致。

如果在汇聚 1 区机房增加一个 PTN 设备与汇聚 2 区机房 PTN 的 2 号端口进行连接，此时只需将 PTN 的端口与 OTU 单板连接、OTU 单板与 OMU(ODU)单板连接即可，多路信号可通过 OMU 合波出去，合波的一路信号可通过 ODU 进行分波。

任务拓展

分别在汇聚 1 区、汇聚 2 区、汇聚 3 区机房放置 PTN 和 OTN 组网，站点拓扑连接如图 2-12 所示。

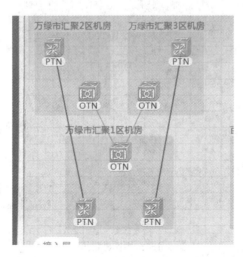

图 2-12　站点拓扑连接图

　　IP 地址规划如表 2-1 所示，请试着参与安装大型 OTN 设备进行组网，要求实现汇聚 1 区机房 PTN1 与汇聚 2 区机房 PTN1 互通，汇聚 1 区机房 PTN2 与汇聚 3 区机房 PTN1 互通。

表 2-1　IP 地址规划

设　备	IP 地址	VLAN	备　注
汇聚 1 区机房大型 PTN1	192.168.100.1/24	VLAN100	使用大型 OTN
汇聚 1 区机房大型 PTN2	192.168.200.1/24	VLAN200	
汇聚 2 区机房大型 PTN1	192.168.100.2/24	VLAN100	使用大型 OTN
汇聚 3 区机房大型 PTN1	192.168.200.2/24	VLAN200	使用大型 OTN

任务2　OTN 实现站点间的设备通信

【任务描述】

　　在现实的通信设备组网中，汇聚机房之间因距离较远，必须使用 OTN 传输设备，请在万绿市中心机房、汇聚 1 区机房、A 站点机房分别安装 PTN 和 OTN 设备，配置相关数据，实现 PTN 之间的互通。

【实施步骤】

1. 网络规划

　　根据任务要求，在中心机房、汇聚 1 区机房、A 站点机房分别安装 PTN 和 OTN 设备，规划拓扑如图 2-13 所示。

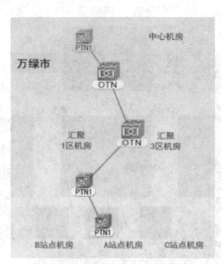

图 2-13　网络规划拓扑图

　　根据拓扑图，对图中 PTN 设备 IP 地址规划如表 2-2 所示。

表 2-2 地址规划表

设 备	IP 地址	VLAN	备 注
汇聚 1 区机房中型 PTN1	10.1.1.1/24	VLAN10	使用中型 OTN
	20.1.1.1/24	VLAN20	
A 站点机房小型 PTN1	20.1.1.2/24	VLAN20	
中心机房大型 PTN1	10.1.1.2/24	VLAN10	使用大型 OTN

2. 设备安装

1) A 站点机房 PTN 与汇聚 1 区机房 PTN 相连

如图 2-14 所示，A 站点机房 PTN 通过 ODF 配线架与汇聚 1 区机房 ODF 架相连。此处选用的是 3 号槽位的端口，端口速率是 10 Gb/s。

图 2-14 A 站点机房 PTN 与汇聚 1 区机房 PTN 相连

2) 汇聚 1 区机房与 A 站点机房 PTN 相连

因为 A 站点机房去往汇聚 1 区机房用的是 10G 端口，所以汇聚 1 区机房与 A 站点机房对接的端口也应该是 10G 端口，汇聚机房 PTN 的 11 号槽位的端口速率是 10 Gb/s，此处选择的是该槽位的 1 号端口去往站点机房，如图 2-15 所示。

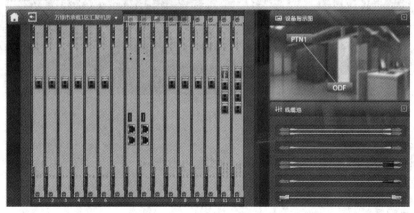

图 2-15 汇聚 1 区机房与 A 站点机房 PTN 相连

3) 汇聚 1 区机房与承载中心机房连接

汇聚 1 区机房到承载中心机房要通过 OTN 设备连接，如图 2-16 所示，图中连接端口选用的是 100G 端口。

图 2-16　汇聚 1 区机房与承载中心机房连接

OTN 的内部连接如图 2-17 所示。16 槽位的 OTU 的 C1T/C1R 连接 PTN 的 1 端口，从 OTU 的 L1T 单纤出来连接至 13 槽位 OMU 的 CH1 通道进行合波，合波后从 OMU 的 out 端口连接至 11 槽位 OBA 的 in 端口，再从 OBA 的 out 端口连接至 ODF 的 T 端口；回来的光信号从 ODF 的 R 端连接至 21 槽位 OPA 的 in 端口，从 OPA 的 out 端口连接至 23 槽位 ODU 的 in 端口，再从 ODU 的 CH1 端口连接 OTU 的 L1R。

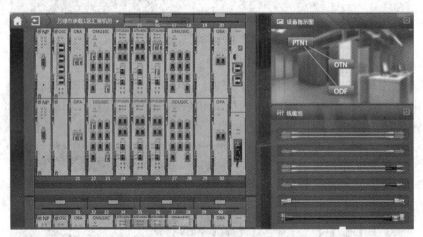

图 2-17　OTN 的内部连接

4) 承载中心机房与汇聚 1 区机房连接

承载中心机房 PTN 与汇聚 1 区机房的对接选用 100G 端口，通过 OTN 去往汇聚 1 区机房，此处不再赘述。

3. 数据配置

1) A 站点机房数据配置

A 站点机房的物理接口配置如图 2-18 所示。根据前面的规划，A 站点机房去往汇聚 1 区机房的端口关联 VLAN 20。

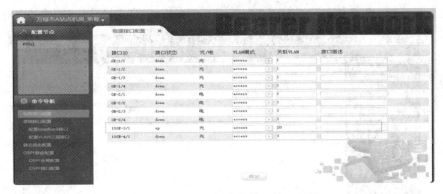

图 2-18　A 站点机房的物理接口配置

A 站点机房的 VLAN 三层接口配置如图 2-19 所示。根据前面的地址规划，IP 地址设为 20.1.1.2/24。

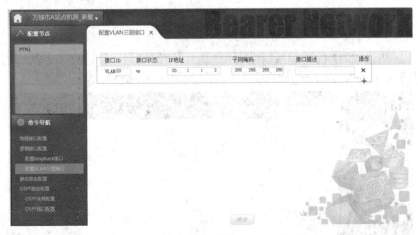

图 2-19　A 站点机房配置 VLAN 三层接口

A 站点机房的 OSPF 全局配置如图 2-20 所示。图中将"全局 OSPF 状态"设置为"启用"状态。

图 2-20　A 站点机房的 OSPF 全局配置

A 站点机房的 OSPF 接口配置如图 2-21 所示。图中将"OSPF 状态"设置为"启用"状态。

图 2-21　A 站点机房的 OSPF 接口配置

2）承载汇聚 1 区机房数据配置

汇聚 1 区机房 PTN 的物理接口配置可根据前面的规划，将连接中心机房的端口和连接站点机房的端口分别关联 VLAN 10 和 VLAN 20，如图 2-22 所示。

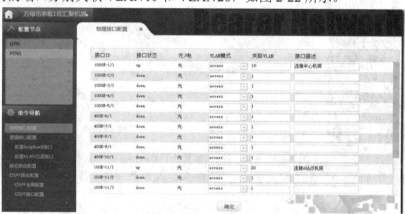

图 2-22　汇聚 1 区机房 PTN 的物理接口配置

汇聚 1 区机房 PNT 的 VLAN 三层接口配置如图 2-23 所示。

图 2-23　汇聚 1 区机房 PTN 的 VLAN 三层接口配置

此处不再赘述汇聚 1 区机房 PNT 的其他配置，OTN 的频率配置参数必须与设备配置的连接一致，前面设备配置选用的是 OTU100G 的单板，槽位号是 16 号，接口是 L1T，频率是 CH1—192.1THz，如图 2-24 所示。

图 2-24　OTN 参数配置

3) 承载中心机房数据配置

承载中心机房的数据配置可参考汇聚机房数据配置的方法，此处不再赘述。

4. 测试验证

使用仿真平台的光路检测调试工具，对已安装和配置完的 OTN 设备进行测试，测试结果如图 2-25 所示。由测试结果可知，光路检测成功。

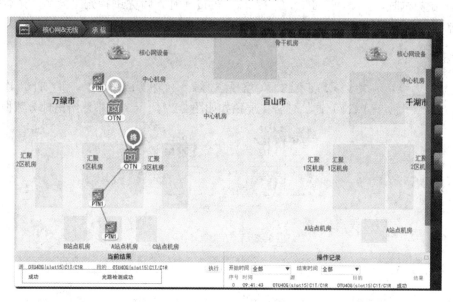

图 2-25　OTN 光路检测结果

对 A 站点机房和中心机房的 PTN 进行 Ping 测试，结果如图 2-26 所示。

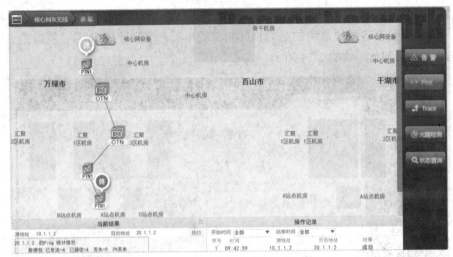

图 2-26　A 站点机房与中心机房 PTN 连通性测试结果

由测试结果可知，中心机房 PTN1 与 A 站点机房是互通的，说明 PTN 通过 OTN 设备实现了相互之间的通信。

任务小结

(1) 在设备配置中，端口与端口的连接速率必须一致。

(2) 数据配置中，参数的配置必须与设备配置一致。例如，在 OTN 配置中，OTU 单板的容量、槽位、接口及频率等都必须与连接时的数据配置一致。

(3) 在测试时，如果两个 PTN 的 IP 地址 Ping 不通，可先进行光路检测，光路检测没有问题，再检查其他数据配置。

任务拓展

分别在万绿市汇聚 1 区、汇聚 2 区、汇聚 3 区、中心机房设置 PTN 和 OTN，连接设备组网，最终实现所有 PTN 互通。任务拓展拓扑如图 2-27 所示。图中已给出部分数据规划。

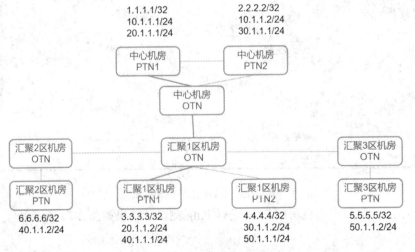

图 2-27　任务拓展拓扑

任务 3 OTN 的穿透技术应用

任务描述

在现实的通信设备组网中，万绿市汇聚机房 2 区机房与中心机房距离较远，因为汇聚 2 区去往中心机房的 ODF 端口被占用，所以汇聚 2 区机房与中心机房的 OTN 传输设备必须穿透汇聚 1 区机房的 OTN，请完成设备配置、数据配置，实现汇聚 2 区机房与中心机房 PTN 设备的互相通信。

相关知识

OTN 的穿透原理如图 2-28 所示，汇聚 2 区机房 PTN 连接 OTN 设备，穿透汇聚 1 区机房的 PTN，与中心机房的 OTN 对接 PTN。

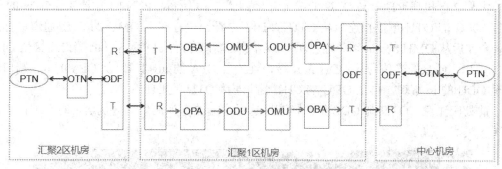

图 2-28 OTN 的穿透原理

OTN 穿透连线步骤是：

如图 2-28 所示，汇聚 2 区机房 PTN 连接 OTN 设备去往汇聚 1 区机房，在汇聚 1 区机房，ODF 架本端是汇聚 1 区机房，对端是汇聚 2 区机房的这组端口的 R 端口连接 OTN 的 OPA 的 in 端口，OPA 的 out 端口连接 ODU 的 in 端口，ODU 的 out 端口连接 OMU，OMU 连接 OBA 的 in 端口，OBA 的 out 端口连接 ODF 架本端是汇聚 1 区机房，对端是承载中心机房的这组端口的 T 端口，其 R 端口连接 OPA 的 in 端口，OPA 的 out 端口连接 ODU 的 in 端口，ODU 的 out 端口连接 OMU，OMU 连接 OBA 的 in 端口，OBA 的 out 端口连接 ODF 架本端是汇聚 1 区机房，对端是汇聚 2 区机房的这组端口的 T 端口。

中心机房 PTN 连接 OTN 设备去往汇聚区机房，其方法和汇聚 2 区机房一样。

实施步骤

1. 网络规划

依据任务要求，在汇聚 2 区机房、中心机房安装 PTN 和 OTN 设备，汇聚 1 区机房安装 OTN 设备，拓扑规划如图 2-29 所示。

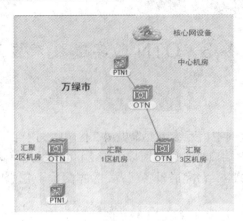

图 2-29　拓扑规划图

2. 设备安装

1) 汇聚 2 区机房 PTN 与 OTN 连接

汇聚 2 区机房 PTN1 与 OTN 的线缆连接如图 2-30 所示。PTN 的 1 端口与 OTN 的 16 槽位 100G 的 OTU 单板相连。从 OTU 的 L1T 单纤出来连接至 OMU 的 CH1 通道进行合波，合波后从 OMU 的 out 端口连接至 OBA 的 in 端口，再从 OBA 的 out 端口连接至 ODF 的 T 端口，回来的光信号从 ODF 的 R 端口连接至 OPA 的 in 端口，从 OPA 的 out 端口连接至 ODU 的 in 端口，再从 ODU 的 CH1 端口连接 OTU 的 L1R。

此处应注意，OTN 与 ODF 架的相连应选择本端端口为汇聚 2 区机房，对端端口为汇聚 1 区机房。

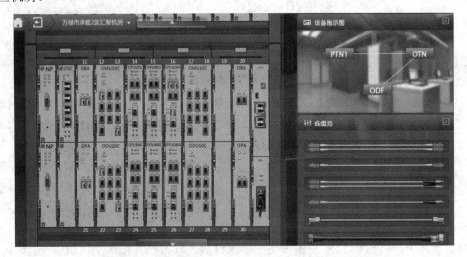

图 2-30　汇聚 2 区机房 PTN1 与 OTN 的线缆连接

2) 汇聚 1 区机房 OTN 连线

汇聚 1 区机房 OTN 的内部连接如图 2-31 所示。汇聚 1 区机房 ODF 架本端为汇聚 1 区机房，对端为汇聚 2 区机房的 R 端连接 21 槽位 OPA 的 in 端口，OPA 的 out 端口连接 23 槽位 ODU 的 in 端口，ODU 的 CH1 不经过 OTU 单板直接与 13 槽位 OMU 的 CH1 进行连接，OMU 的 out 端口连接 11 槽位 OBA 的 in 端口，OBA 的 out 端口连接 ODF 架对端为万绿市承载中心机房的 T 端口，R 端口连接 30 槽位 OPA 的 in 端口，out 端口连接 28 槽位 ODU 的 in 端口，ODU 的 CH1 连接 18 槽位 OMU 的 in 端口，OMU 的 out 连接 20 槽位 OBA 的 in 端口，OBA 的 out 端口连接 ODF 架对端为万绿市汇聚 2 区机房的 T 端口。

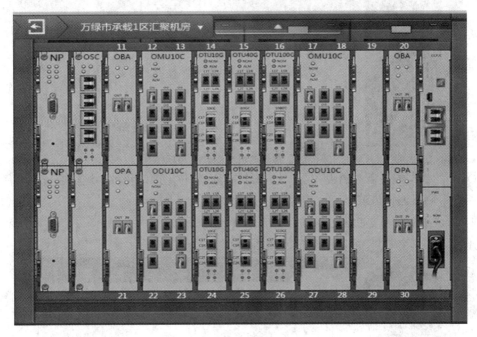

图 2-31　OTN 的内部连接

3) 承载中心机房连线

参照汇聚 2 区机房连线，此处不再赘述。

3. 数据配置

1) 汇聚 2 区 PTN1 及 OTN 的数据配置

汇聚 2 区 PTN1 的 1 端口的 IP 地址设置如图 2-32 所示。

图 2-32　汇聚 1 区机房 PTN1 的 1 端口的 IP 地址设置

汇聚 2 区 OTN 的数据配置如图 2-33 所示。

图 2-33　汇聚 2 区机房 OTN 的数据配置

OTN 的数据配置需对照设备配置选用的单板、槽位、接口和频率进行配置，如有一个参数错误，则光通信失败。

2) 承载中心机房 OTN 数据配置

承载中心机房 OTN 的数据配置如图 2-34 所示。

图 2-34　承载中心机房 OTN 的数据配置

承载中心机房 PTN 的数据配置如图 2-35 所示。

图 2-35　承载中心机房 PTN 的数据配置

4.测试验证

使用仿真平台的光路检测调试工具，对已安装和配置完的 OTN 设备进行测试，测试结果如图 2-36 所示。由测试结果可知，光路通信成功。

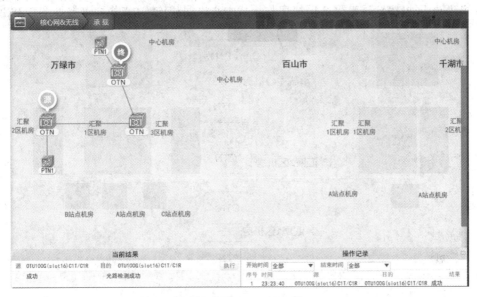

图 2-36 OTN 光路检测结果

对汇聚 2 区机房和承载中心机房的 PTN 进行 Ping 测试，结果如图 2-37 所示。

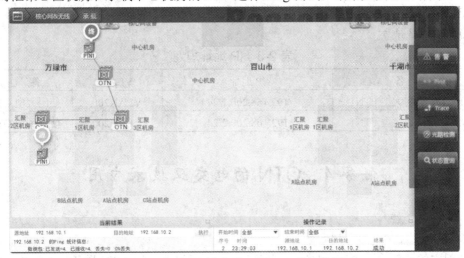

图 2-37 汇聚 1 区与汇聚 2 区 PTN 连通性测试

由此可知，通过穿透技术，实现了汇聚 2 区机房与承载中心机房设备的互通。

任务小结

(1) 在本次任务中，OTN 的设备连接和数据配置必须一一对应，比如 OTU 单板的容量、槽位、接口及频率等都必须与连接时一致。

(2) 汇聚 1 区机房应用穿透技术，OTN 内部连接不需要经过 OTU 单板，数据配置时不需要配置汇聚 1 区机房 OTU 的频率参数。

任务拓展

　　分别在汇聚 1 区、承载中心机房放置 PTN 和 OTN 设备，在汇聚 2 区机房放置 OTN 设备，汇聚 1 区机房穿透汇聚 2 区机房与承载中心机房相连，站点拓扑连接如图 2-38 所示。

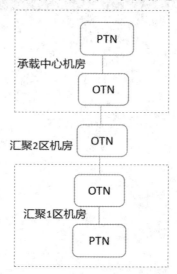

图 2-38　站点拓扑连接图

　　请在汇聚 1 区机房及承载中心机房安装大型 OTN 及 PTN 设备，在汇聚 2 区机房安装大型 PTN 设备进行组网，要求实现汇聚 1 区机房 PTN1 与承载中心机房 PTN 互通。IP 地址规划如表 2-3 所示。

表 2-3　IP 地址规划

设　备	IP 地址	VLAN	备　注
汇聚 1 区机房大型 PTN1	192.168.200.1/24	VLAN200	使用大型 OTN
承载中心机房大型 PTN1	192.168.200.2/24	VLAN200	使用大型 OTN

任务 4　OTN 的电交叉技术应用

任务描述

　　在现实的通信中，不同区域之间的距离很远，所以要使用 OTN 设备。本任务 OTN 之间采用电交叉的方式进行连接，请在千湖市汇聚 1 机房、汇聚 2 机房分别安装 PTN 和 OTN 设备，配置相关数据，实现 PTN 之间的通信。

相关知识

1. 电交叉连接技术基本原理

　　电交叉连接设备的核心器件是交叉连接矩阵，用来实现输入信号中一定等级的各个支路之间任意的交叉连接。

OTN 就好像一个传送带，把一个个大车厢从一个地方传送到另一个地方。大车厢里根据需要装了很多小箱子，小箱子里又装了很多更小的箱子。最小的箱子可能是 64 kb，往上依次是 2 Mb、155 Mb、622 Mb、ODU 、光波长等。每个箱子都要标明目的地，当箱子到达目的地后就卸下来，再把同样规格的其他箱子装入到空出的位置，接着往下送。

2. OTN 的单板

OTN 的单板主要分为光转发单板、光合波/分波板、光放大板、电交叉单板等四种类型，如图 2-39 所示。

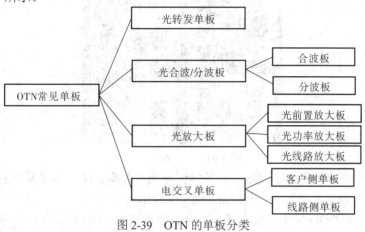

图 2-39　OTN 的单板分类

1) 光转发单板

光转发单板的主要功能如下：

(1) 提供线路侧光模块，内有激光器，发出特定稳定的、符合波分系统标准的波长的光。

(2) 将客户侧接收的信息封装到对应的 OTN 帧中，送到线路侧输出。

(3) 提供客户侧光模块，连接 PTN、路由器、交换机等设备。

本任务中的单板包括 OTU10G、OTU40G、OTU100G 等，如图 2-40 所示。

图 2-40　仿真平台中的 OTU 单板

2) 光合波/分波板

光合波/分波板如图 2-41 所示。

图 2-41　光合波/分波板

(1) 光合波板 OMU 位于发送端业务单板与光放大器之间，其主要功能是将从各业务单板接收到的各个特定波长的光复用在一起，从 out 端口输出。

(2) 光分波板 ODU 位于接收端光放大器和业务单板之间，其主要功能是将从光放大器收到的多路业务在光层上解复用为多个单路光，送给业务单板的线路口。

3) 光放大板

光放大板的主要功能是将光功率放大到合理的范围，如图 2-42 所示。

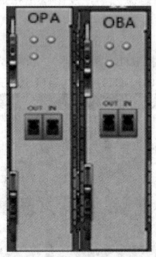

图 2-42　光放大板

(1) 发送端 OBA(功率放大板)位于 OMU 单板之后，用于将合波信号放大后发出。

(2) 接收端 OPA(前置放大板)位于 ODU 单板之前，用于将合波信号放大后送到 ODU 解复用。

(3) OLA(光线路放大板)，用于 OLA 站点放大光功率，本书暂未涉及 OLA 的应用。

4) 电交叉单板

OTN 电交叉单板以时隙电路交换为核心，通过电路交叉配置功能，支持各类大颗粒用户业务的接入和承载，实现波长和子波长级别的灵活调度。单板类型分为客户侧单板和线路侧单板，如图 2-43 所示。

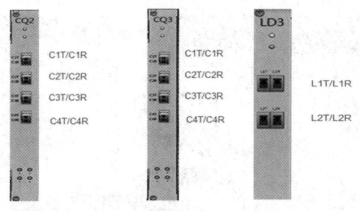

图 2-43 客户侧单板与线路侧单板

(1) 客户侧单板包括 CQ2、CQ3 单板。CQ2/CQ3 单板实现 4 路 10 G/40 G 客户信号的接入、汇聚，支持 STM-64、OTU2/3、10/40G 业务的 OTN 成帧功能。

(2) 线路侧单板包括 LD2、LD3、LD4 单板。LD2、LD3、LD4 是线路侧单板，实现双路 10 G/40 G/100 G 业务传送到背板的功能，采用光/电转换的方式，将线路侧光信号转换为电信号。

操作实施

1. 网络规划

在千湖市汇聚 1 区机房和汇聚 2 区机房安装对应的设备，拓扑规划及数据如图 2-44 所示。

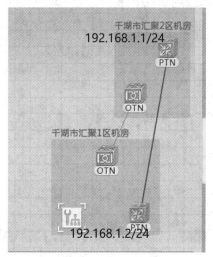

图 2-44 拓扑规划图

2. 设备安装及连接

1) 汇聚 1 机房 PTN 与 OTN 的电交叉连接

CQ2 单板对应的是 10 Gb/s 速率，CQ3 单板对应的是 40 Gb/s 速率，所以 PTN 选择 40 Gb/s 的速率与 OTN 的 CQ3 单板连接，如图 2-45 所示。

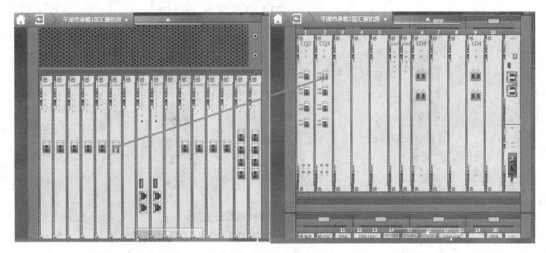

图 2-45　设备连接 1

2) 汇聚 1 机房 OTN 的连线

CQ3 连接 PTN，电交叉使用 LD4 板卡，OTN 9 号槽位 LD4 单板 L1T 连接到 OTN 17 槽位 OMU10C 的 CH1 通道，OMU10C 的 out 端口连接到 OTN 20 槽位 OBA 的 in 端口，OBA 的 out 端口连接 ODF 的 T 端口，ODF 架 R 端口连接 30 槽位 OPA 的 in 端口，OPA 的 out 端口连接 ODU 的 in 端口，ODU 的 out 端口连接 LD4 单板的 L1R，如图 2-46、图 2-47 所示。

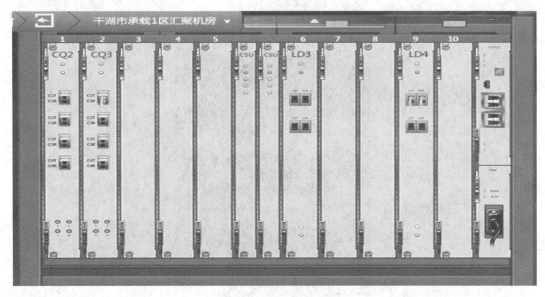

图 2-46　设备连接 2

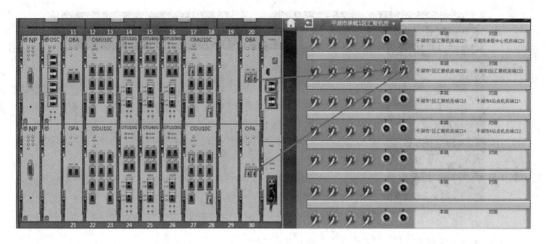

图 2-47 设备连接 3

汇聚 2 区机房配置方法与汇聚 1 区相同，请参考完成。

3. 数据配置

1) OTN 的电交叉配置

OTN 单板使用的接口 CQ 单板和 LD 单板应根据实物连接情况进行连接，电交叉配置如图 2-48 所示。

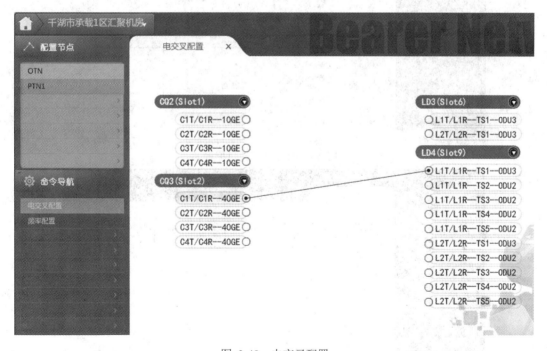

图 2-48 电交叉配置

按要求连接了对应的接口之后还需要配置频率，本任务中设备连接使用的是 LD4 单板 9 槽位、LIT 接口、CH1—192.1THz 频率，数据配置如图 2-49 所示。

图 2-49　电交叉频率配置

2) PTN 的数据配置

在 PTN 对应的接口配置一个 VLAN，设置 VLAN ID 如图 2-50 所示，IP 地址的配置如图 2-51 所示。

图 2-50　PTN 物理接口配置

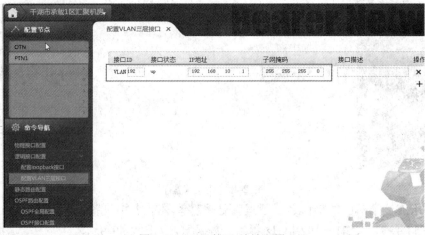

图 2-51　PTN 的 IP 地址配置

汇聚 2 区机房数据配置与汇聚 1 区相同，请参考完成。

4. 测试验证

使用仿真平台的 Ping 工具，对已经配置好的万绿市核心网设备进行 Ping 测试，测试结果如图 2-52 所示，由测试结果可知设备安装及数据配置是成功的。

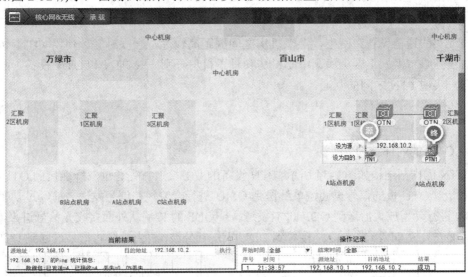

图 2-52　测试结果

任务小结

在本次任务的内容中，我们学到了 OTN 之间通过电交叉的方式进行连接的方法，需要注意的是在 OTN 的单板上使用了哪个接口、哪个频率，需要在数据配置处一一对应上，否则会出现光路检测不通。

任务拓展

通过本次任务的内容我们学习了两个站点之间的电交叉连接。请完成如图 2-53 所示规划的拓展任务，并完成 Ping 通测试。

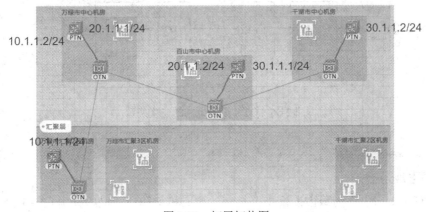

图 2-53　拓展拓扑图

任务5 OTN 的综合应用

任务描述

在现实的通信设备组网中，汇聚机房之间因距离较远，互联时必须使用 OTN 传输设备。请在万绿市汇聚 1 区机房、中心机房和骨干机房分别安装 PTN 和 OTN 设备，配置相关数据，实现 PTN 之间的互通。

相关知识

1. OTN 的内部结构

OTN 的内部结构如图 2-54 所示。PTN 设备的业务接口首先通过双纤连接到 OTU(光转换单元)板，OTU 板的信号再通过单纤送到 OMU 进行合波。在信号发送之前经过功率放大板 OBA 进行功率放大后送到 ODF 的 T(发送)端，ODF 的 R 端从外面接收光信号进来，首先经过前置放大板 OPA 进行放大，接着到 ODU 板进行分波，再由单纤将信号送回到 OTU 板。

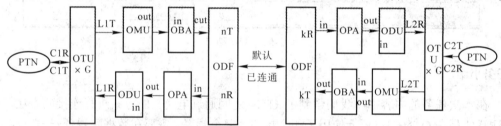

图 2-54 OTN 的内部结构

2. OTN 设备组网

不同机房的设备互联，是通过 OTN 设备进行连接的，连接关系如图 2-55 所示。汇聚层以上不同机房的 PTN 互联必须通过 OTN 设备，PTN 业务信号首先连接到 OTN 设备，由 OTN 设备通过 ODF 进行对接，再将业务信号分离出来。

图 2-55 OTN 设备组网的连接关系

实施步骤

1. 网络规划

依据任务要求，在万绿市汇聚 1 区机房、中心机房和骨干机房分别安装 PTN 和 OTN 设备组网，其设计拓扑如图 2-56 所示。

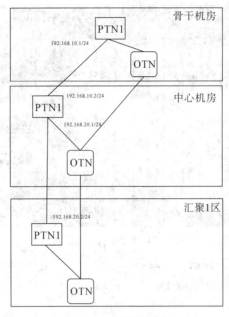

图 2-56 拓扑规划图

2. 设备安装

1) 汇聚 1 区机房 PTN 与 OTN 连接

汇聚 1 区机房 PTN1 与 OTN 的线缆连接如图 2-57 所示，1 端口与 OTN 的 OTU 单板相连。

图 2-57 汇聚 1 区机房 PTN1 与 OTN 的线缆连接

OTN 的内部连接如图 2-58 所示。OTU 的 C1T/C1R 连接 PTN 的 1 端口，信号从 OTU 的 L1T 单纤出来连接至 OMU 的 CH1 通道进行合波，合波后从 OMU 的 out 端口连接至 OBA 的 in 端口，再从 OBA 的 out 端口连接至 ODF 的 T 端；回来的光信号从 ODF 的 R 端连接至 OPA 的 in 端口，从 OPA 的 out 端口连接至 ODU 的 in 端口，再从 ODU 的 CH1 端口连接 OTU 的 L1R。

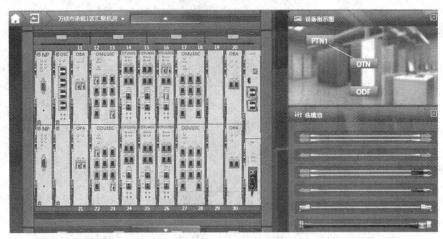

图 2-58　OTN 的内部连接

2) 骨干机房 PTN 与 OTN 的设备连接

PTN 端口 1 通过 OTN 连接至 ODF 的过程与汇聚 1 区机房 PTN 与 OTN 的连接过程相同，此处不再赘述。

3) 中心机房 PTN1 与 OTN 连接

中心机房 PTN 的第一个端口去往汇聚 1 区机房，与 OTN16 槽位的 OTU 单板的 C1T/C1R 相连，L1T 连接 13 槽位 OMU 单板的 CH1 端口，OMU 的 out 端口连接 11 槽位的 OBA 的 in 端口，OBA 的 out 端口连接 ODF 架对端是汇聚 1 区机房的 T 端口，ODF 架 R 端口连接 21 槽位 OPA 的 in 端口，OPA 的 out 端口连接 23 槽位 ODU 的 in 端口，ODU 的 CH1 端口连接 16 槽位的 OTU 单板 L1R。

承载中心机房还需与骨干机房相连，承载中心机房的 PTN 的 2 端口与 OTN16 槽位的 OTU 单板的 C2T/C2R 相连，L2T 连接 18 槽位 OMU 单板的 CH1 端口，OMU 的 out 端口连接 20 槽位的 OBA 的 in 端口，OBA 的 out 端口连接 ODF 架对端是骨干机房的 T 端口，ODF 架 R 端口连接 30 槽位 OPA 的 in 端口，OPA 的 out 端口连接 28 槽位 ODU 的 in 端口，ODU 的 CH1 端口连接 16 槽位的 OTU 单板 L2R，如图 2-59 所示。

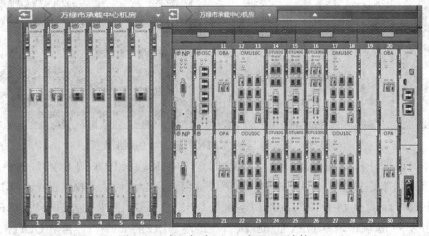

图 2-59　中心机房 PTN1 与 OTN 连接

中心机房 OTN 与 ODF 架的连接如图 2-60 所示。

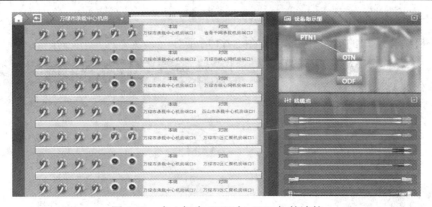

图 2-60 中心机房 OTN 与 ODF 架的连接

3. 数据配置

1) 汇聚 1 区 PTN1 及 OTN 的数据配置

汇聚 1 区 PTN1 的 1 端口的 IP 地址设置如图 2-61 所示。

图 2-61 汇聚 1 区机房 PTN1 的 1 端口的 IP 地址设置

汇聚 1 区机房 OTN 的数据配置如图 2-62 所示。

图 2-62 汇聚 1 区机房 OTN 的数据配置

OTN 的数据配置需对照设备配置选用的单板、槽位、接口和频率进行配置,如有一个参数错误,光通信失败。

2) 骨干机房 PTN1 及 OTN 的数据配置

骨干机房 1 端口的 IP 地址设置如图 2-63 所示。

图 2-63　骨干机房 1 端口的 IP 地址设置

骨干机房 OTN 的数据配置如图 2-64 所示。

图 2-64　骨干机房 OTN 的数据配置

3) 中心机房 PTN1 及 OTN 的数据配置

中心机房 PTN1 的 1 端口的 IP 地址设置如图 2-65 所示。

图 2-65　中心机房 PTN1 的 1 端口的 IP 地址设置

中心机房 PTN1 的 2 端口的 IP 地址设置如图 2-66 所示。

图 2-66　中心机房 PTN1 的 2 端口的 IP 地址设置

中心机房 OTN 的数据配置如图 2-67 所示。

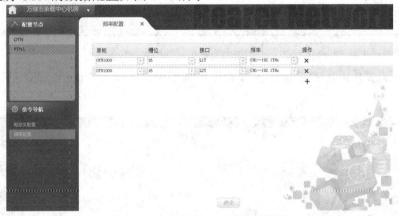

图 2-67　中心机房 OTN 的数据配置

4. 测试验证

使用仿真平台的光路检测调试工具，对已安装和配置完的 OTN 设备进行测试，中心机房与汇聚 1 区机房光路测试结果如图 2-68 所示。

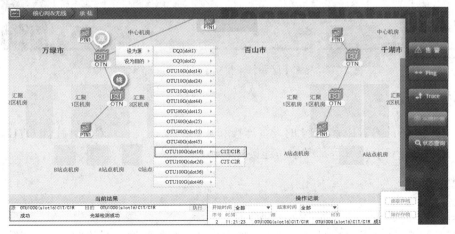

图 2-68　中心机房与汇聚 1 区光路检测结果

中心机房与骨干机房的光路测试结果如图 2-69 所示。

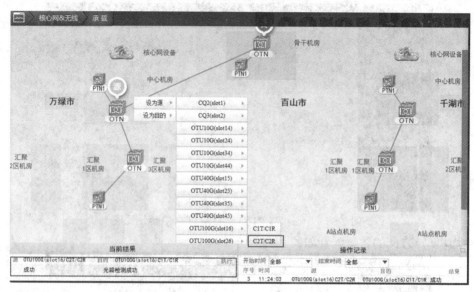

图 2-69　中心机房与骨干机房的光路检测结果

光路测试成功后，对汇聚 1 区和骨干机房的 PTN1 进行 Ping 测试，结果如图 2-70 所示。

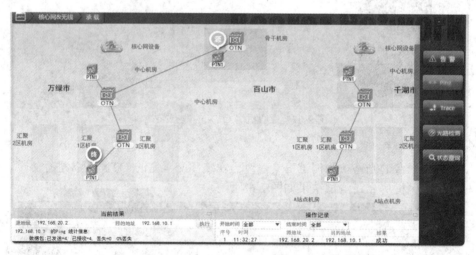

图 2-70　汇聚 1 区和骨干机房 PTN1 的 Ping 测试结果

任务小结

在本次任务的内容中，OTN 的设备连接和数据配置必须一一对应，比如 OTU 单板的容量、槽位、接口及频率等都必须与连接时一致。

任务拓展

某站点连接拓扑如图 2-71 所示，试分别在汇聚 1 区、汇聚 2 区、中心机房和骨干机房放置 PTN 和 OTN 设备进行组网，并进行参数规划及数据配置，最终实现四个站点互通。

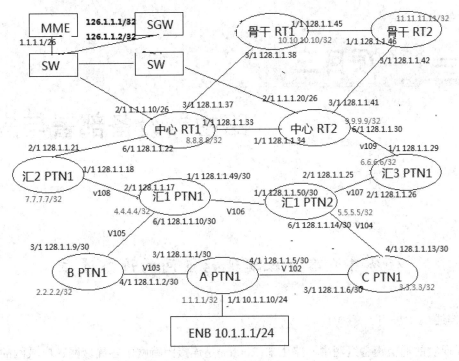

图 2-71　站点连接拓扑图

项目三

路由器设备部署与应用

任务 1　路由器实现站点间的设备通信

任务描述

在现实的通信设备组网中，路由器(Router)是连接因特网中各局域网、广域网的设备，它会根据信道的情况自动选择和设定路由，以最佳路径，按先后顺序发送信号。路由器已经广泛应用于各行各业，不同档次的产品已成为实现各种骨干网内部连接、骨干网间互联和骨干网与互联网互联的主力军。

站点机房之间的数据传输也可以使用路由器设备进行，请在万绿市汇聚 1 区机房、万绿市汇聚 2 区机房分别安装路由器设备，配置相关数据，实现路由器之间的互通。

相关知识

1. 路由器概述

路由器(RT)是互联网的主要结点设备。路由器通过路由决定数据的转发。转发策略称为路由选择(routing)，这也是路由器名称的由来(router，转发者)。作为不同网络之间互相连接的枢纽，路由器系统构成了基于 TCP/IP 的国际互联网络 Internet 的主体脉络，也可以说，路由器构成了 Internet 的骨架。它的处理速度是网络通信的主要瓶颈之一，它的可靠性则直接影响着网络互连的质量。因此，在园区网，地区网乃至整个 Internet 研究领域中，路由器技术始终处于核心地位。

路由器(RT)是一种多端口设备，它运行于各种环境的局域网和广域网，可以连接不同传输速率，也可以采用不同的协议。路由器工作在 OSI 模型的第三层即网络层，指导数据从一个网段传输到另一个网段，也能指导数据从一种网络传输到另一种网络。

2. 路由器的作用

路由器的作用简单来说可以分为网络连接和路由选择两种。

(1) 网络连接。从过滤网络流量的角度来看，路由器的作用与交换机和网桥非常相似。但是与工作在物理层，从物理上划分网段的交换机不同，路由器使用专门的软件协议从逻辑上对整个网络进行划分。对于结构复杂的网络，使用路由器可以提高网络的整体效率。

(2) 路由选择。有的路由器仅支持单一协议，但大部分路由器可以支持多种协议的传输，即多协议路由器。路由器的主要工作就是为经过路由器的每个数据帧寻找一条最佳传输路径，并将该数据有效地传送到目的站点。由此可见，选择最佳路径的策略即路由算法是路由器工作的关键所在。为了完成这项工作，在路由器中保存着各种传输路径的相关数据——路径表(Routing Table)，供路由选择时使用。路径表可以是由系统管理员固定设置好的，可以由路由器自动调整，也可以由主机控制。

由系统管理员事先设置好固定的路径表称之为静态(static)路径表，一般是在系统安装时就根据网络的配置情况预先设定的，它不会随未来网络结构的改变而改变。

动态(Dynamic)路径表是路由器根据网络系统的运行情况而自动调整的路径表。路由器根据路由选择协议(Routing Protocol)提供的功能，自动学习和记忆网络运行情况，在需要时自动计算数据传输的最佳路径。

3. 路由器设备组网

不同机房的设备是通过 OTN 设备进行互联的，在路由器设备组网中，各设备的连接关系如图 3-1 所示。汇聚层以上不同机房的 RT 互联必须通过 OTN 设备，RT 业务信号首先连接到 OTN 设备，由 OTN 设备通过 ODF 对接，再将业务信号分离出来。

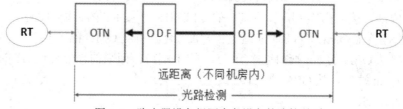

图 3-1　路由器设备组网中各设备的连接关系

实施步骤

1. 网络规划

依据任务要求，在万绿市汇聚 1 区机房、万绿市汇聚 2 区机房分别安装 RT，并规划设计 RT 设备的 IP，其拓扑规划如图 3-2 示。

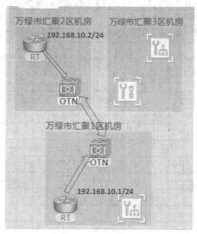

图 3-2　拓扑规划图

2. 设备安装及连线

1) 汇聚 1 区机房 RT 与 OTN 连接

汇聚 1 区机房 RT1 与 OTN 的线缆连接如图 3-3 所示，1 端口与 OTN 的 OTU 单板相连。

图 3-3　汇聚 1 区机房 RT1 与 OTN 的线缆连接

OTN 的内部连接如图 3-4 所示。OTU 的 C1T/C1R 连接 RT 的 1 端口，信号从 OTU 的 L1T 单纤出来连接至 OMU 的 CH1 通道进行合波，合波后从 OMU 的 out 端口连接至 OBA 的 in 端口，再从 OBA 的 out 端口连接至 ODF 的 T 端口；回来的光信号从 ODF 的 R 端口连接至 OPA 的 in 端口，从 OPA 的 out 端口连接至 ODU 的 in 端口，再从 ODU 的 CH1 端口连接 OTU 的 L1R。

图 3-4　OTN 的内部连接

2) 汇聚 2 区机房 RT 与 OTN 的设备连接

汇聚 2 区机房 RT 端口 1 通过 OTN 连接至 ODF 的过程与汇聚 1 区机房 RT 与 OTN 的连接过程相同。此处不再赘述。

3. 数据配置

1) 汇聚 1 区机房 RT1 及 OTN 的数据配置

汇聚 1 区 RT1 的 1 端口的 IP 地址设置如图 3-5 所示。

图 3-5　汇聚 1 区机房 RT1 的 1 端口的 IP 地址设置

汇聚 1 区机房 OTN 的数据配置如图 3-6 所示。

图 3-6　汇聚 1 区机房 OTN 的数据配置

OTN 的数据配置需对照设备配置选用的单板、槽位、接口和频率进行配置，如有一个参数错误，光通信失败。

2) 汇聚 2 区机房 RT 的数据配置

汇聚 2 区 RT1 的 1 端口的 IP 地址设置如图 3-7 所示。

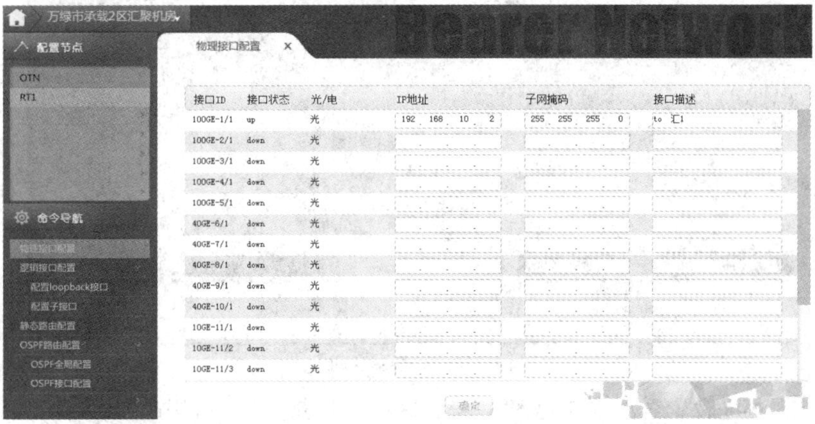

图 3-7　汇聚 2 区机房 RT1 的 1 端口的 IP 地址设置

汇聚 2 区机房 OTN 的数据配置如图 3-8 所示。

图 3-8　汇聚 2 区机房 OTN 的数据配置

4. 测试验证

使用仿真平台的光路检测调试工具，对已安装和配置完的 OTN 设备进行测试，测试结果如图 3-9 所示，由测试结果可知光路通信成功。

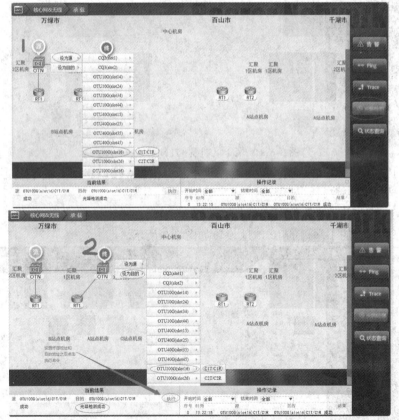

图 3-9　OTN 光路检测结果

光路测试通过后，对汇聚 1 区和汇聚 2 区的 RT 进行 Ping 测试，结果如图 3-10 所示。

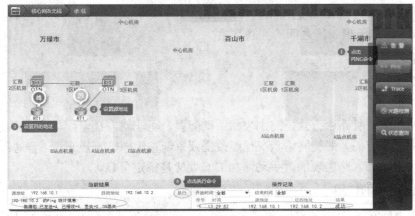

图 3-10　汇聚 1 区与汇聚 2 区 RT 连通性测试结果

由图 3-10 可知，RT 通过 OTN 设备实现了相互之间的通信。

任务小结

在本次任务的内容中，RT 设备的连接和数据配置必须一一对应，比如端口地址要和物理接口 ID 对应上、两个站点间的 IP 地址和子网掩码也都必须对应上，OTN 的配置也要一一对应才能实现网络互通。

任务拓展

分别在万绿市汇聚 1 区机房、万绿市汇聚 2 区机房、万绿市汇聚 3 区机房放置 RT 和 OTN 组网，站点拓扑连接如图 3-11 所示。

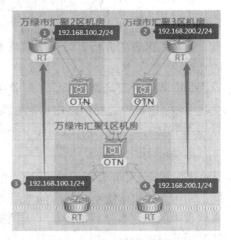

图 3-11　站点拓扑连接图

IP 地址规划如表 3-1 所示，请使用大型 RT 设备进行组网，要求万绿市汇聚 1 区机房与汇聚 2 区机房互通，万绿市汇聚 1 区机房与汇聚 3 区机房互通。

表 3-1　IP 地址规划

设　备	IP 地址	备　注
汇聚 1 区机房大型 RT1	192.168.100.1/24	使用大型 RT、OTN
汇聚 1 区机房大型 RT2	192.168.200.1/24	
汇聚 2 区机房大型 RT1	192.168.100.2/24	使用大型 RT、OTN
汇聚 3 区机房大型 RT1	192.168.200.2/24	使用大型 RT、OTN

任务 2　路由器间的静态路由及 OSPF 路由配置

任务描述

为了实现不同网段之间的互联互通，我们需要使用路由协议或者静态路由。请在万绿

市站点机房安装 RT，配置静态路由协议或 OSPF 协议，完成网络的调试与测试，实现汇聚
1 区、汇聚 2 区和汇聚 3 区之间的互联互通。

相关知识

1. 静态路由介绍

静态路由是一种路由方式，路由表由手动配置，而非动态决定。与动态路由不同，静态路由是固定不变的，即使网络状况已经改变或重新被组态。一般来说，静态路由是网络管理员逐项手动加入路由表的，手动添加的好处就是稳定可靠。

2. 静态路由的作用

要实现不同网段之间的互通，就需要找到合适的线路使数据能够传输，路由器在这里起找路、选路的作用。那么如何选路呢？路由器会根据其存储的动态路由或者静态路由选择合适的路径进行数据转发。路由表的构成包含目的网络地址、子网掩码、下一跳地址(网关)。

静态路由的网络安全保密性高。因为动态路由需要路由器之间频繁地交换各自的路由表，而对路由表的分析可以揭示网络的拓扑结构和网络地址等信息。因此，出于安全方面的考虑，小型简单网络宜采用静态路由。但大型和复杂的网络环境通常不宜采用静态路由，原因是：网络管理员难以全面了解整个网络的拓扑结构；当网络拓扑结构和链路状态发生变化时，路由器中的静态路由信息需要大范围地调整，这项工作的难度和复杂程度非常高，且当网络发生变化或网络故障时，不能重选路由，很可能导致路由失败。

3. 静态路由的配置

若要实现不同网段的 IP 互通，则需要开启静态路由协议，此静态路由是不同网段之间的路由，目的是使不同网段的地址之间能够互相通信。如图 3-12 所示，静态路由在本仿真软件中的配置包括目的地址、子网掩码、下一跳地址及优先级。目的地址是网络需要到达的最终目的地址，即具体的某一个 IP 地址，子网掩码为全掩码，即 255.255.255.255。若目的地址是目的网段，则子网掩码是目的地址的子网掩码，下一跳地址是本 IP 地址的网关，优先级的取值范围为 1～255，可视情况而定。

图 3-12　静态路由配置

4. OSPF 协议介绍

OSPF(Open Shortest Path First，开放式最短路径优先)路由协议是一种链路状态(Link-state)

的路由协议，一般用于同一个路由域内。路由域是一个自治系统(Autonomous System，AS)，它是一组通过统一的路由政策或路由协议互相交换路由信息的网络。在 AS 中，所有 OSPF 路由器都维护一个相同的数据库，该数据库中存放的是路由域中相应链路的状态信息，OSPF 路由器通过数据库计算出 OSPF 路由表。

静态路由配置需手工逐条配置，适合网络拓扑固定、设备数量不多的应用场景。一旦设备数量较多，使用动态路由配置比较方便。动态路由中比较常见的是 RIP 和 OSPF 协议，但 RIP 协议支持的跳数有限(最大 15 跳)，因此 OSPF 协议更受工程师的欢迎。

5. OSPF 的配置方法

在本虚拟仿真平台中，将 OSPF 的配置分为 OSPF 全局配置及 OSPF 接口配置。

OSPF 全局配置如图 3-13 所示。"全局 OSPF 状态"必须为"启用"；"进程号"可以自定义；"router-id"可以为全网唯一的 loopback 地址，也可以是某个接口的 IP 地址；如果勾选"重分发"为"静态"，则可将静态路由引入 OSPF；如果勾选"通告缺省路由"，则可将缺省路由引入 OSPF 路由中。

图 3-13　OSFP 全局配置

OSPF 的接口配置如图 3-14 所示，虚拟仿真平台会自动读取接口 IP 地址，配置时只需按要求选择"启用"或"未启用"即可。

图 3-14　OSPF 的接口配置

特别提示：若要使不同网段的 IP 地址进行通信，则只需要配置静态路由或者 OSPF 协议。如果配置了静态路由则不需要重复开启 OSPF 协议，如果采用 OSPF 协议则不用配置静态路由。

实施步骤

1. 网络规划

依据任务要求，设计拓扑规划如图 3-15 所示，在汇聚 1 区机房安装 2 个 RT 设备，汇聚 2 区和汇聚 3 区各配置一个 RT 设备，使万绿市汇聚 1 区机房、汇聚 2 区机房与汇聚 3 区机房之间能互联互通。

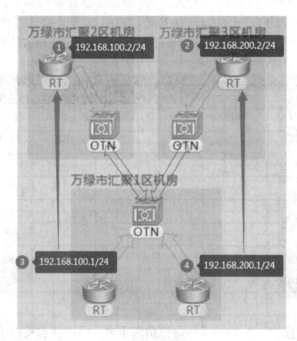

图 3-15 拓扑规划图

IP 地址规划如表 3-2 所示。为了方便设备连接和安装，请安装大型 RT 设备和大型 OTN 进行组网。

表 3-2 IP 地址规划

设 备	IP 地址	备 注
汇聚 1 区大型 RT1	192.168.100.1/24	使用大型 RT、OTN
汇聚 1 区大型 RT2	192.168.200.1/24	
汇聚 2 区大型 RT1	192.168.100.2/24	使用大型 RT、OTN
汇聚 3 区大型 RT1	192.168.200.2/24	使用大型 RT、OTN

2. 设备安装与连接

将三个机房的 RT 使用 100 G 的端口连接起来，设备的安装与连接如图 3-16 所示。

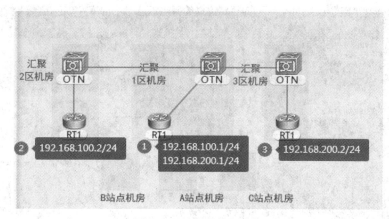

图 3-16　设备安装与连接

备注：安装过程在上一个任务的文档中有详细介绍，请参考完成，本任务只给出了设备连接后业务调试界面的拓扑图。

3. 数据配置

1) 汇聚 1 区数据配置

汇聚 1 区物理接口 IP 地址配置如图 3-17 所示。

图 3-17　汇聚 1 区物理接口 IP 地址配置

根据拓扑，汇聚 1 区机房与汇聚 2 区机房及汇聚 3 区机房均有连接，汇聚 1 区 RT 的第 1 个端口去往汇聚 2 区机房，第 2 个端口去往汇聚 3 区机房。汇聚 1 区机房 RT 的 1 端口与 OTN16 槽位的 OTU 单板的 C1T/C1R 相连，L1T 连接 13 槽位 OMU 单板的 CH1，OMU 的 out 端口连接 11 槽位的 OBA 的 in 端口，OBA 的 out 端口连接 ODF 架对端是汇聚 2 区机房的 T 端口，ODF 架 R 端口连接 21 槽位 OPA 的 in 端口，OPA 的 out 端口连接 23 槽位 ODU 的 in 端口，ODU 的 CH1 端口连接 16 槽位的 OTU 单板 L1R。

汇聚 1 区机房还需与汇聚 3 区机房相连，汇聚 1 区机房的 RT 的 2 端口与 OTN16 槽位的 OTU 单板的 C2T/C2R 相连，L2T 连接 18 槽位 OMU 单板的 CH1，OMU 的 out 端口连接 20 槽位的 OBA 的 in 端口，OBA 的 out 端口连接 ODF 架对端是汇聚 3 区机房的 T 端口，ODF 架 R 端口连接 30 槽位 OPA 的 in 端口，OPA 的 out 端口连接 28 槽位 ODU 的 in 端口，ODU 的 CH1 端口连接 16 槽位的 OTU 单板 L2R，如图 3-18 所示。

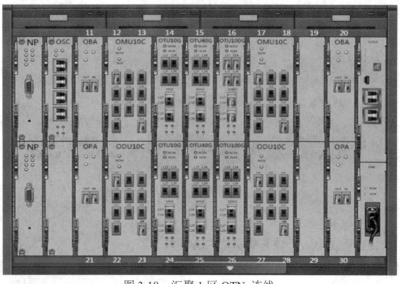

图 3-18　汇聚 1 区 OTN 连线

根据图 3-18 的连线，选用的单板是 OTU100G，分别在 16 槽位(接口是 L1T，频率是 CH1)以及 26 槽位(接口是 L1T，频率是 CH1)。因此汇聚 1 区 OTN 的频率数据配置如图 3-19 所示。

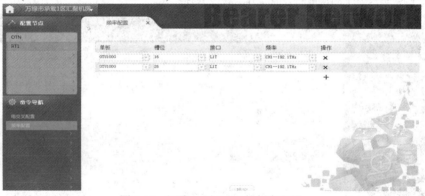

图 3-19　汇聚 1 区 OTN 的频率配置

汇聚 1 区 RT1 的 OSPF 全局配置如图 3-20 所示，汇聚 1 区 RT1 的 OSPF 接口配置如图 3-21 所示。

图 3-20　汇聚 1 区 RT1 的 OSPF 全局配置

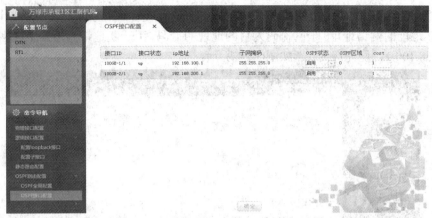

图 3-21　汇聚 1 区 RT1 的 OSPF 接口配置

2) 汇聚 2 区数据配置

汇聚 2 区物理接口 IP 地址配置如图 3-22 所示。

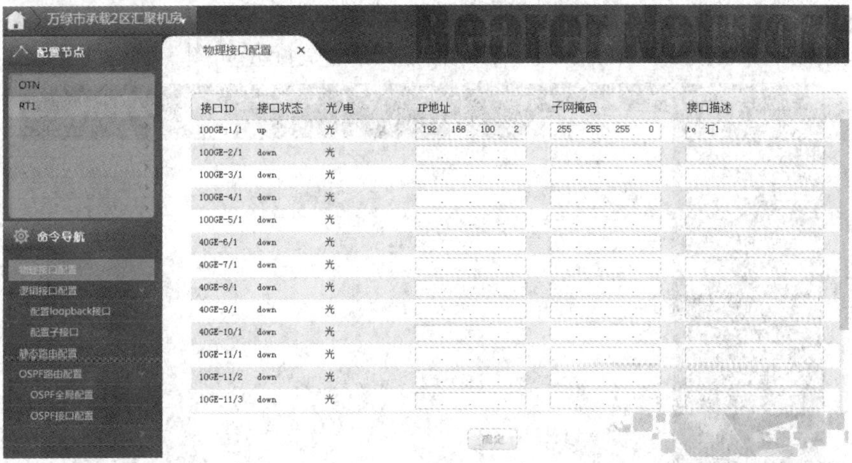

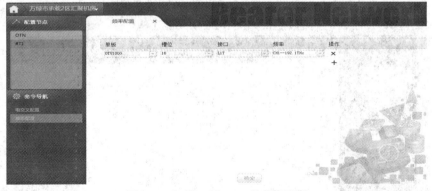

图 3-22　汇聚 2 区物理接口 IP 地址配置

汇聚 2 区 OTN 的频率配置如图 3-23 所示。

图 3-23　汇聚 2 区 OTN 的频率配置

要实现不同网段的 IP 互通，需要开启路由协议或者配置静态路由。若采用静态路由方式，汇聚 2 区机房与汇聚 3 区机房不在同一网段，因此静态路由是汇聚 2 区与汇聚 3 区之间的路由，目的是使汇聚 2 区与汇聚 3 区两个不同网段的地址之间能够互相通信。所以此处目的地址为汇聚 3 区的 IP 地址，子网掩码为 32 位全掩码，也可以是目的地址为汇聚 3 区的 IP 地址的网络地址，子网掩码为目的地址的掩码，下一跳地址为汇聚 2 区网关地址，即 192.168.100.1，优先级为 1，如图 3-24 所示。

图 3-24　汇聚 2 区 RT1 的静态路由配置

若采用动态路由方式，汇聚 2 区 RT1 的 OSPF 全局配置如图 3-25 所示。

图 3-25　汇聚 2 区 RT1 的 OSPF 全局配置

汇聚 2 区 RT1 的 OSPF 接口配置如图 3-26 所示。

图 3-26　汇聚 2 区 RT1 的 OSPF 接口配置

3) 汇聚 3 区数据配置

汇聚 3 区物理接口 IP 地址配置如图 3-27 所示。

图 3-27 汇聚 3 区物理接口 IP 地址配置

汇聚 3 区 OTN 的频率配置如图 3-28 所示。

图 3-28 汇聚 3 区 OTN 的频率配置

汇聚 3 区若采用配置静态路由方式与汇聚 2 区机房互通，其静态路由配置如图 3-29 所示。

图 3-29 汇聚 3 区 RT1 的静态路由配置

若采用动态路由方式实现与汇聚 2 区互通，其 RT1 的 OSPF 全局配置如图 3-30 所示。

图 3-30　汇聚 3 区 RT1 的 OSPF 全局配置

汇聚 3 区 RT1 的 OSPF 接口配置如图 3-31 所示。

图 3-31　汇聚 3 区 RT1 的 OSPF 接口配置

4. 测试验证

使用仿真平台的调试工具，对已安装和配置完的设备进行测试，测试结果如图 3-32 所示。由测试结果可知，通过静态路由和 OSPF 路由可实现网络互通。

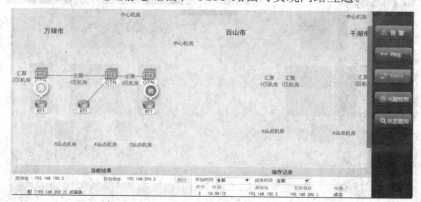

图 3-32　汇聚 2 区和汇聚 3 区之间的 Ping 测试结果

任务小结

在配置的过程中，需要注意以下几点：

(1) 配置静态路由时需要仔细输入目的地址与下一跳地址，如果输入的数据不对应，则会导致数据传输失败。

(2) OSPF 配置需要注意 router-id 全网不能重复，OSPF 接口配置中的接口状态必须是"启用"状态，否则会导致 Ping 命令失败。

(3) OTN 光路的频率配置中单板、槽位、接口、频率都需要一一对应，如果出现数据不对应，则会导致光通道故障。

任务拓展

(1) 任务拓展 1：分别在万绿市中心机房、万绿市汇聚 1 区机房、万绿市汇聚 2 区机房部署 RT，站点拓扑连接如图 3-33 所示，为 RT 配置 OSPF 路由，实现 3 个站点间的 RT 互联互通。

(2) 任务拓展 2：将配置好的 OSPF 协议删除，为 RT 配置静态路由，使 3 个站点间的 RT 能够互联互通。

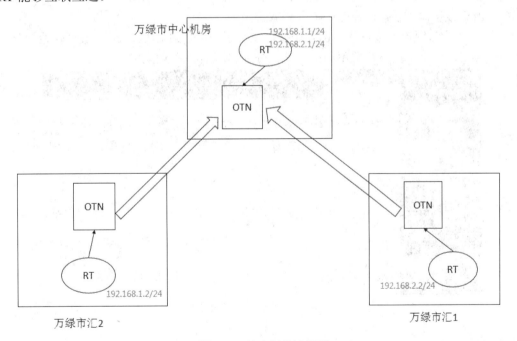

图 3-33 站点拓扑连接图

根据要求自行完成设备选型，完成三个机房的设备安装及数据配置，最终实现 RT 之间互通。

任务 3　路由器实现单臂路由

任务描述

请在万绿市汇聚 1 区机房部署两个大型 PTN 设备，配置两个不同的 VLAN，在万绿市中心机房部署一个大型 PTN 设备以及一个大型 RT 设备，完成相关数据配置，实现万绿市汇聚 1 区与万绿市中心机房的单臂路由配置。

相关知识

1. 单臂路由介绍

单臂路由(router-on-a-stick)是指在路由器的一个接口上配置子接口或逻辑接口(并不存在真正物理接口)，实现原来相互隔离的不同 VLAN(虚拟局域网)之间的互联互通。

2. 路由器子接口介绍

路由器的物理接口可以被划分为成多个逻辑接口，这些逻辑接口被形象地称为子接口。值得注意的是这些子接口不能被单独开启或关闭，也就是说，当物理接口被开启或关闭时，所有该接口的子接口也随之被开启或关闭。

图 3-34 为万绿市承载机房路由器子接口配置图，物理接口 100GE-3/1 被逻辑地划分为两个子接口，两个子接口配置不同的地址，分别属于不同的 VLAN。

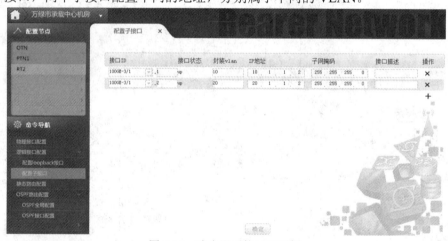

图 3-34　路由器子接口配置图

实施步骤

1. 网络规划

依据任务要求，请在万绿市汇聚 1 区机房部署两个大型 PTN 设备，在万绿市中心机房部署一个大型 PTN 设备以及一个大型 RT 设备，并规划设计设备的 VLAN 及 IP，拓扑规划如图 3-35 所示。

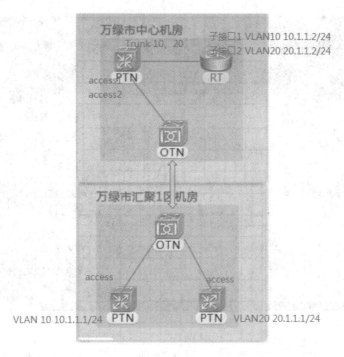

图 3-35　拓扑规划

2. 设备安装及连线

1) 汇聚 1 区机房 PTN 与 OTN 连接

汇聚 1 区机房 PTN1 与 OTN 的线缆连接如图 3-36 所示，1 端口与 OTN 的 OTU 单板相连，使用 100G 的传输接口。

图 3-36　汇聚 1 区机房 PTN1 与 OTN 的线缆连接

汇聚 1 区机房 PTN2 与 OTN 的线缆连接如图 3-37 所示，1 端口与 OTN 的 OTU 单板相连，使用 100 G 的传输接口。

图 3-37 汇聚 1 区机房 PTN2 与 OTN 的连接

    汇聚 1 区机房 OTN 与 ODF 架连接如图 3-38 所示，将汇聚 1 区机房 PTN1 与汇聚一区 PTN2 通过 ODF 架连接至万绿市中心机房。PTN1 使用 CH1 频率传输数据，PTN2 使用 CH2 频率传输数据。

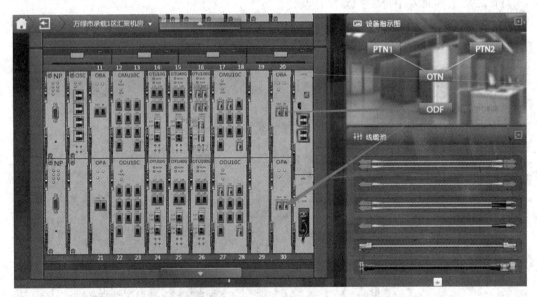

图 3-38 汇聚 1 区机房 OTN 与 ODF 架连接示意图

    2) 万绿市中心机房 PTN 与 OTN 的设备连接

    万绿市中心机房 PTN1 的 100G 的 1 端口与汇聚 1 区机房 PTN1 对接，100G 的 2 端口与汇聚 1 区机房 PTN2 对接，3 端口与 RT 相连，如图 3-39 所示。

图 3-39 万绿市中心机房 PTN 与 OTN 的连接

万绿市中心机房 OTN 与 ODF 架连接如图 3-40 所示，将万绿市中心机房 PTN1 通过 ODF 架连接至万绿市汇聚 1 区机房。100G 的 1 端口使用 CH1 频率传输数据，100G 的 2 端口使用 CH2 频率传输数据，分别对接汇聚 1 区机房的两个 PTN。

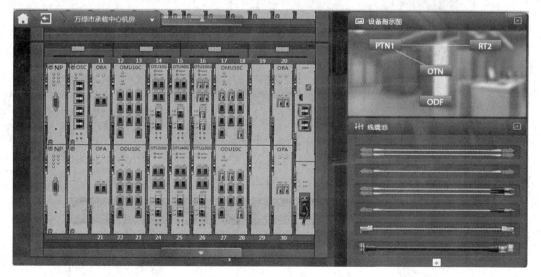

图 3-40 万绿中心机房 OTN 与 ODF 的架连接

3. 数据配置

1) 万绿市汇聚 1 区 OTN 及 PTN 的数据配置

汇聚 1 区 OTN 的数据配置如图 3-41 所示。因为汇聚 1 区 PTN1 使用的是 CH1 传输，PTN2 使用的是 CH2 传输，所以汇聚 1 区的 OTN 需要开设两个频率。

OTN 的数据配置需对照设备配置选用的单板、槽位、接口和频率进行配置，如有一个参数错误，则光通信失败。

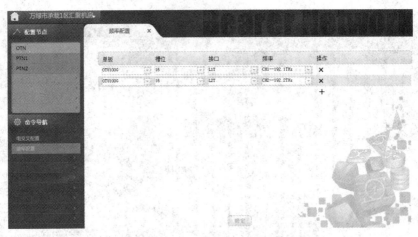

图 3-41　汇聚 1 区机房 OTN 的数据配置

(1) 万绿市汇聚 1 区 PTN1 的数据配置。汇聚 1 区 PTN1 的物理接口 VLAN 模式选择 access 模式，关联 VLAN 配置 10，如图 3-42 所示。

图 3-42　PTN1 的物理接口配置

下一步进行 PTN1 的逻辑接口配置，配置 VLAN 三层接口，接口 ID 为关联 VLAN，IP 地址设置为 10.1.1.1，子网掩码 24 位即 255.255.255.0，如图 3-43 所示。

图 3-43　汇聚 1 区机房 PTN1 的数据配置

接下来配置 PTN1 的 OSPF 全局配置与 OSPF 接口配置，因为该配置方法在之前的任务中讲解过，此处不再赘述。

(2) 万绿市汇聚 1 区 PTN2 的数据配置。汇聚 1 区 PTN2 的数据配置与汇聚 1 区的数据配置大致一样，只要将 VLAN 划分为 20 即可，如图 3-44 所示。IP 地址配置为 20.1.1.1，子网掩码为 255.255.255.0 如图 3-45 所示。

图 3-44　PTN2 物理接口配置

图 3-45　PTN2 三层接口配置

2) 万绿市中心机房的 OTN、PTN1 及 RT2 的数据配置

万绿市中心机房 OTN 的数据配置如图 3-46 所示，因为与汇聚 1 区机房的数据传输使用了两个频率，所以万绿市 OTN 也需要开设两个光通道频率。

图 3-46　中心机房 OTN 的数据配置

中心机房 PTN1 的数据配置如图 3-47 所示。100GE-1/1 接口与 100GE-2/1 接口配置
VLAN 模式为 access，关联 VLAN 分别为 10、20，仅允许一个 VLAN 通过，100GE-3/1
接口配置 VLAN 模式为 trunk，关联 VLAN 为 10、20，允许 VLAN10 和 VLAN20 通过。

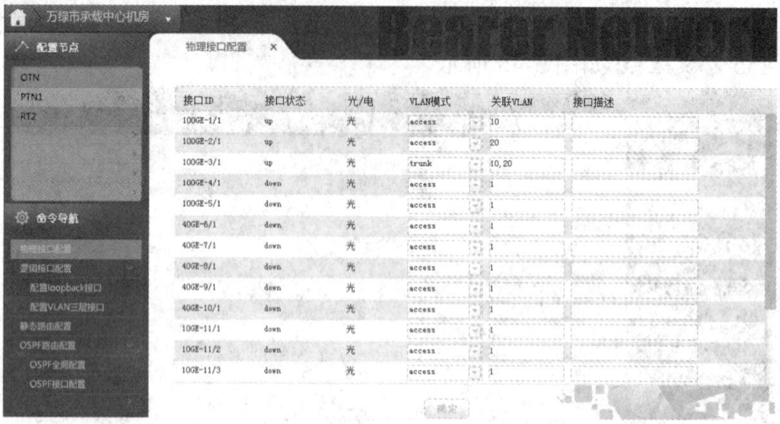

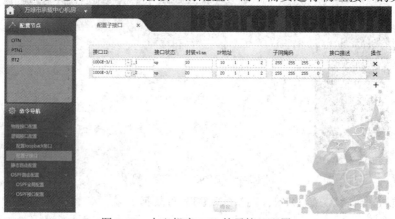

图 3-47　中心机房 PTN1 的物理接口配置

中心机房的 RT2 的数据配置如图 3-48 所示，因为 RT 用于实现单臂路由的功能，所以
中心机房的 RT2 需要进行 VLAN 三层接口的配置，而不需要进行物理接口的数据配置。

图 3-48　中心机房 RT2 的子接口配置

下一步完成 RT2 的 OSPF 路由配置，OSPF 全局配置如图 3-49 所示。

图 3-49　中心机房 RT2 的 OSPF 全局配置

OSPF 的接口配置如图 3-50 所示。

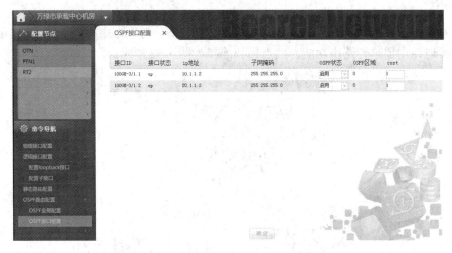

图 3-50　中心机房 RT2 的 OSPF 接口配置

4．测试验证

使用仿真平台的光路检测调试工具，对已安装和配置完的设备进行测试，测试结果如图 3-51 所示。

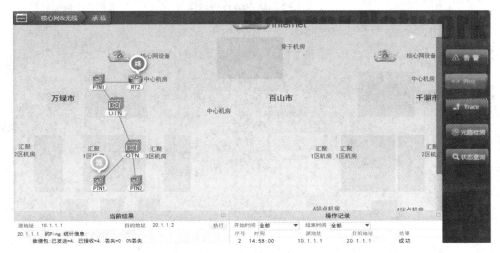

图 3-51　路由器实现单臂路由功能测试结果

由测试结果可知，RT 实现了单臂路由功能。

任务小结

在本任务的内容中，RT 设备的连接和数据配置必须一一对应，比如端口地址要和物理接口 ID 对应、两个站点间的 IP 地址和子网掩码必须对应，OTN 的配置也要与设备连接对应才能实现网络互通。

PTN 设备的 VLAN 模式、关联 VLAN 一定要相互对应上，OSPF 路由的配置也是必不可缺的，一定不能忘记配置 OSPF 路由，否则不能实现不同 VLAN 的互通。

任务拓展

分别在万绿市汇聚 1 区机房、万绿市汇聚 2 区机房、万绿市中心机房放置 RT 和 OTN 组网，实现路由器单臂路由功能。站点拓扑连接如图 3-52 所示。

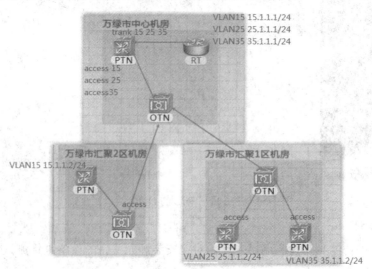

图 3-52　站点拓扑连接图

项目四

承载网与无线网及核心网的对接和调试

任务 1　万绿市承载网与无线网的对接和调试

任务描述

为了实现站点机房能够联网，请在万绿市 A 站点机房安装 BBU 与 PTN 设备，配置相关数据，实现承载网与无线网的对接与调试。

实施步骤

1. 设备安装

依据任务要求，在万绿市 A 站点机房安装 BBU 与 PTN。任务拓扑如图 4-1 所示。

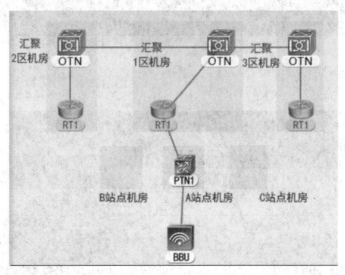

图 4-1　任务拓扑图

1) 万绿市 A 站点机房 BBU 的安装

进入万绿市 A 站点机房，点击左边机柜，如图 4-2 所示。

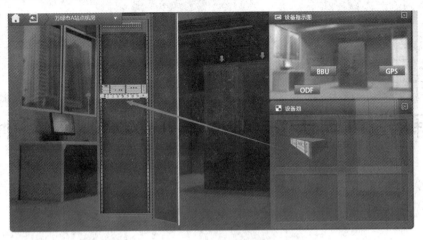

图 4-2　BBU 的安装

2) 万绿市 A 站点机房 PTN 的安装

万绿市 A 站点机房 PTN 的安装如图 4-3 所示。

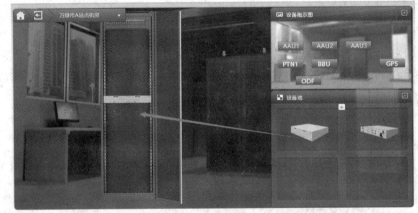

图 4-3　PTN 的安装

2. 设备对接

选择 LC-LC 光纤，PTN1 的 GE1 与 BBU 的 TX/RX 对接，如图 4-4 所示。

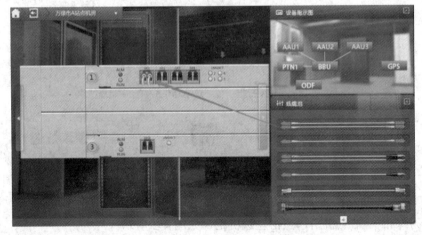

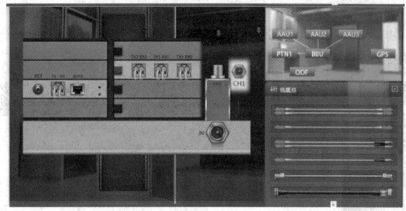

图 4-4　PTN1 与 BBU 连接

3. 数据配置

1) 万绿市 A 站点机房数据配置

万绿市 A 站点机房的 IP 地址设置如图 4-5 所示。

图 4-5　万绿市 A 站点机房的 IP 地址设置

2) 万绿市 A 站点机房 BBU 数据配置

万绿市 A 站点机房 BBU 的 IP 地址设置如图 4-6 所示。

图 4-6　万绿市 BBU 的 IP 地址设置

3) 万绿市 A 站点机房 BBU 的物理参数

万绿市 A 站点机房中 BBU 的物理参数设置如图 4-7 所示，将"RRU 连接光口使能"勾选，"承载链路端口"选择"传输光口"。

图 4-7　万绿市 A 站点机房 BBU 物理参数

4) 万绿市 A 站点机房 AAU 的射频配置

万绿市 A 站点机房 AAU 射频配置如图 4-8 所示。

图 4-8　万绿市 A 站点机房 AAU 射频配置

4. 测试验证

使用仿真平台的 Ping 工具，测试结果如图 4-9 所示，由测试结果可知实现了承载网与无线网的对接与调试。

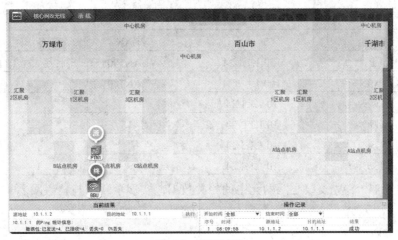

图4-9　测试结果

任务拓展

(1) 实现千湖市承载网与无线网的对接与调试。

(2) 实现百山市承载网与无线网的对接与调试。

任务2　中心机房 PTN 与核心网交换机对接

任务描述

为了实现工程模式下业务的成功验证，需完成无线网与承载网、承载网与核心网的对接，承载网中心机房与核心网对接有多种方式，请在万绿市核心机房安装 SW(交换机)，在中心机房安装 PTN，拓扑规划如图4-10 所示。

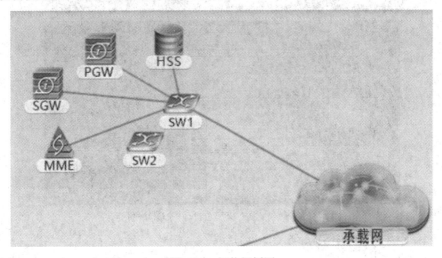

图4-10　拓扑规划图

IP 地址规划如表 4-1 所示。

表 4-1　IP 地址规划

设　备	IP 地址	VLAN	备　注
大型 PTN	100.1.1.1/24	VLAN100	使用大型 PTN
SW1	100.1.1.2/24	VLAN100	
MME	10.1.1.1/24		
SGW	10.1.1.2/24		
PGW	10.1.1.3/24		
HSS	10.1.1.4/24		

请配置 PTN、SW 及核心网网元中的相关数据，实现承载网与核心网之间的互通。

实施步骤

1. 设备安装

1) 万绿市承载中心机房 PTN 与 ODF 的连接

万绿市承载中心机房 PTN1 与 ODF 的线缆连接如图 4-11 所示，1 端口与 OTN 的 ODF 相连。PTN 与 OTN 的连接需要用成对的 LC-FC 光纤。

图 4-11　万绿市中心机房 PTN1 与 ODF 的连接

2) 万绿市核心网机房 SW1 与 ODF 的连接

万绿市核心网机房 SW1 与 ODF 的连接如图 4-12 所示，SW1 的 13 端口与 ODF 相连，SW 与 ODF 的连接需要用成对的 LC-FC 光纤。

图 4-12　万绿市核心网机房 SW1 与 ODF 的连接

2. 数据配置

1) 万绿市承载中心机房 PTN1 与万绿市核心网机房 SW1 数据配置

万绿市承载中心机房 PTN1 的 1 端口的 IP 地址设置如图 4-13 所示。

图 4-13　万绿市承载中心机房 PTN1 的 1 端口的 IP 地址设置

2) 万绿市核心网机房 SW1 的数据配置

万绿市核心网机房 SW1 的数据配置如图 4-14 所示。

图 4-14　万绿市核心网机房 SW1 的数据配置

3. 测试验证

使用仿真平台的 Ping 工具，对已安装和配置完的设备进行测试，测试结果如图 4-15 所示，由测试结果可知 PTN 与 SW1 已互通。

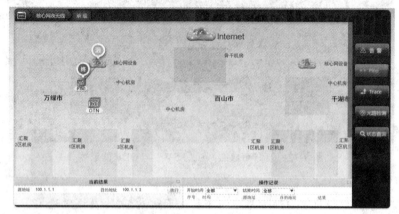

图 4-15　万绿市承载中心机房 PTN1 与核心网机房 SW1 的 Ping 连通性测试结果

任务小结

在本任务的内容中，两个机房的 ODF 本端和对端的端口必须一致。

任务拓展

在万绿市中心机房放置大型 PTN，实现承载网与核心网的对接。拓扑如图 4-16 所示。

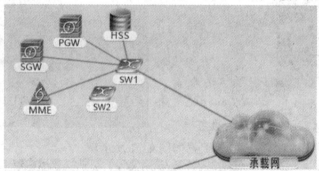

图 4-16　承载网与无线网对接拓扑图

IP 地址规划如表 4-2 所示。

表 4-2　地址规划表

设　备	IP 地址	VLAN	备　注
大型 PTN	200.1.1.1/24	VLAN300	使用大型 PTN
SW1	200.1.1.2/24	VLAN300	
MME	10.1.1.1/24		
SGW	20.1.1.2/24		
PGW	30.1.1.3/24		
HSS	40.1.1.4/24		

请配置 PTN、SW 及核心网网元中的相关数据，实现承载网与核心网之间的互通。

任务 3　中心机房路由器与核心网交换机对接

任务描述

为了实现中心机房与核心网机房之间的互联互通，请在两机房中安装设备并配置相关参数，完成网络的调试与测试。

实施步骤

1. 网络规划

依据任务要求，在中心机房安装 RT 设备，核心网机房安装 SW 设备，拓扑规划如图 4-17 所示。

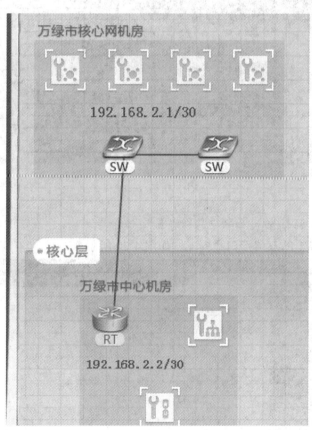

图 4-17　拓扑规划图

2. 设备安装

1) 核心网机房安装 SW 设备

核心网机房安装 SW 设备如图 4-18 所示。

图 4-18　核心网机房 SW 的设备安装

2) 中心机房安装路由设备

中心机房路由设备的安装如图 4-19 所示。

图 4-19　中心机房路由设备的安装

3. 数据配置

1) 核心网机房 SW1 的三层接口数据配置。

核心网机房 SW1 的三层接口数据配置如图 4-20 所示。

图 4-20　核心网机房 SW1 的数据配置

2) 中心机房的数据配置

中心机房 RT1 的物理接口配置如图 4-21 所示。

图 4-21　中心机房 RT1 的物理接口配置

4. 测试验证

使用仿真平台的光路检测调试工具，对已安装和配置完的 SW 和 RT 设备进行测试，测试结果如图 4-22 所示，由测试结果可知互联成功。

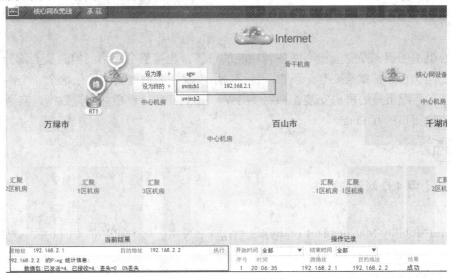

图 4-22　Ping 测试结果

任务小结

在本任务中接口与配置的数据要一一对应，以免造成 Ping 测试失败。

任务拓展

图 4-23 所示为任务拓展拓扑图，完成图中的设备配置，使 SW1、SW2、RT 设备可以互通。

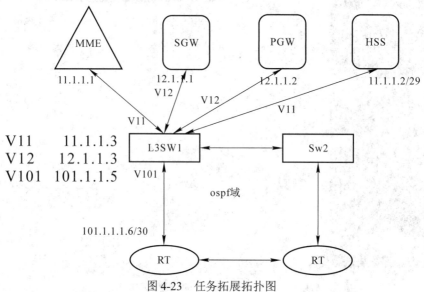

图 4-23   任务拓展拓扑图

任务4   核心机房交换机与网元之间的 VLAN 对接

任务描述

核心机房的网元是完成核心网各种功能的设备，也是整个网络架构的核心部分，这 4 个网元之间想要通信就需要有一条物理链路，所以就需要通过交换机把这个 4 个网元连接起来。请在万绿市核心机房安装 MME、SGW、HSS、PGW 设备并配置数据，实现各个网元之间物理接口的互 Ping。

相关知识

1. 核心网 4 个网元的概述

1) MME

MME(Mobility Management Entity)是一个信令实体，是 3GPP 协议 LTE 接入网络的关键控制节点，它的具体功能如下：

(1) NAS 信令及其安全。

(2) 将寻呼消息发送到相关的 eNB，可选执行寻呼优化。

(3) 安全控制(鉴权认证、信令完整性保护和数据加密)。

(4) 支持不同 3GPP 接入网络之间的移动性管理。

(5) 空闲状态 UE(User Equipment)的可达(含寻呼重传消息的控制和执行)。

(6) 跟踪区(TA)列表管理(空闲态和激活态 UE)。

(7) PGW 和 SGW 选择。

(8) 切换中 MME 发生变化时的 MME 选择。

(9) 切换到 2G 或 3G 接入网时的 SGSN 选择。

(10) 漫游。

(11) UE 空闲状态的移动性管理。

(12) 承载管理功能,包括专用承载的建立。

(13) 非接入层信令的加密和完整性保护。

(14) 支持 PWS(Public Warning System,公共预警系统,包括 ETWS 和 CMAS)消息的发送。

2) SGW

SGW(Serving GateWay,服务网关)是移动通信网络 EPC 中的重要网元。EPC 网络实际上是原 3G 核心网 PS 域的演进版本,而 SGW 的功能和作用与原 3G 核心网 SGSN 网元的用户面相当,即在新的 EPC 网络中,控制面功能和媒体面功能分离更加彻底。

在 EPC 系统中引入的 SGW 网元实体,是 EPC 网络的用户面接入服务网关,相当于传统 SGSN 的用户面功能。

3) HSS

HSS(Home Subscriber Server,归属签约用户服务器)是支持用于处理调用/会话的 IMS 网络实体的主要用户数据库。它包含用户配置文件,执行用户的身份验证和授权,并可提供有关用户物理位置的信息。它类似于 GSM Home Location Register。与 HSS 通信的实体是应用服务器和呼叫会话控制功能服务器,其中应用服务器以 IMS 环境为宿主并执行其中的服务。

4) PGW

在 EPC 系统中引入的 PGW(PDN GateWay)网元实体,类似于 GGSN 网元的功能,为 EPC 网络的边界网关,提供用户的会话管理和承载控制、数据转发、IP 地址分配以及非 3GPP 用户接入等功能。它是 3GPP 接入和非 3GPP 接入公用数据网络 PDN 的锚点。所谓 3GPP 接入,是指 3GPP 标准家族出来的无线接入技术。

2. 核心网设备组网

网元之间没法直接连接,要通过交换机实现连接通信,相关连接如图 4-24 所示,网元都连接到一个交换机上,信令通过物理接口出来,统一发到交换机,交换机再进行下一跳转发,把信令送达目的网元。

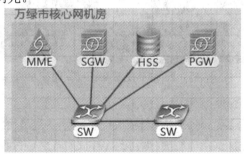

图 4-24　核心网设备连接拓扑

操作实施

1. 设备的接口介绍

交换机的接口面板如图 4-25 所示，拥有 10 Gb/s、40 Gb/s、100 Gb/s 不同速率光口各 6 个、网口 6 个，在连接网元的时候需要选用合适的线连接到与之速率匹配的接口上。

图 4-25　交换机的接口面板

图 4-26 是 MME 设备的接口面板，鼠标移动到接口位置，就会显示出此接口的信息，图中显示的就是 10 Gb/s 速率的接口，所以 MME 需要连接到交换机的 10 Gb/s 速率接口上，其余 3 个设备皆如此连接。

图 4-26　MME 设备的接口面板

2. 网元与交换机的连接

核心网元与 SW 设备之间具体的连接如图 4-27 所示，MME-7-3x10GE-1 连接到 SW1TCH-1，SGW-7-1x100GE-1 连接到 SW1TCH-13，PGW-7-1x100GE-1 连接到 SW1TCH-14，HSS-7-1x100GE-1 连接到 SW1TCH-19。

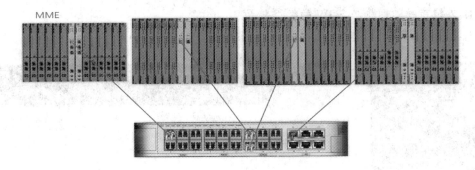

图 4-27　核心网元与 SW 连接

3. 数据配置

在网元配置中，槽位号及端口号的配置必须与设备配置的端口号及槽位号一致。

1) 核心网网元及 SW1 的 IP 地址规划如表 4-3 所示。

表 4-3　SW1 及核心网元的 IP 地址规划

网元名称	IP 地址
MME	10.1.1.1/24
SGW	10.1.1.2/24
PGW	10.1.1.3/24
HSS	10.1.1.4/24
SW1	10.1.1.10/24

2) 万绿市核心网机房 MME 的接口数据配置。

万绿市核心网机房 MME 的接口数据配置如图 4-28 所示。

图 4-28　核心网机房 MME 的接口数据配置

3) 万绿市核心网机房 SGW 的数据配置

万绿市核心网机房 SGW 的路由数据配置如图 4-29 所示。

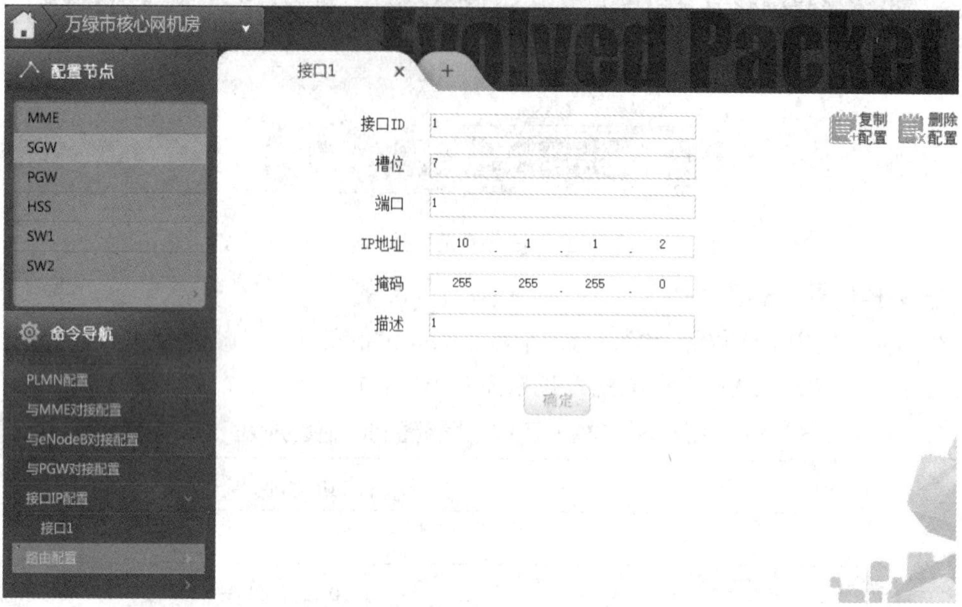

图 4-29 核心机房 SGW 路由数据配置

4) 万绿市核心网机房 PGW 的数据配置

万绿市核心网机房 PGW 接口的数据配置如图 4-30 所示。

图 4-30 核心机房 PGW 接口的数据配置

5) 万绿市核心网机房 HSS 的数据配置

万绿市核心网机房 HSS 接口的数据配置如图 4-31 所示。

图 4-31　核心网机房 HSS 接口的数据配置

6) 万绿市核心网机房 SW1 的数据配置

万绿市核心网机房 SW1 接口的数据配置如图 4-32 所示。

图 4-32　核心网机房 SW1 接口的数据配置

4. 测试验证

使用仿真平台的 Ping 工具，对已经配置好的万绿市核心网设备进行 Ping 测试，测试结果如图 4-33 所示，由测试结果可知设备安装及数据配置是成功的。

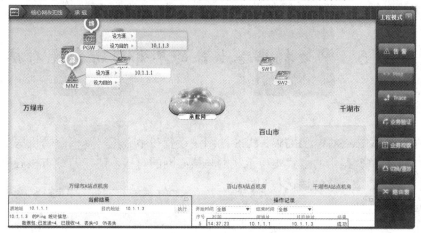

图 4-33　对接测试结果

任务小结

从本任务的内容中，我们学到了核心网网元是如何连接到交换机上，完成各个网元之间物理接口 Ping 通的，需要注意的是网元的接口速率要和交换机对应上，网元的接口选择也要和接口配置的单板槽位对应。

任务拓展

网络总有出故障的时候，要保证网络的正常运行，我们一般会采用冗余配置，请在完成本任务的基础上继续把 4 个网元连接到 SW2 上，并配置地址实现网元之间任意接口的 Ping 测试，拓扑规划如图 4-34 所示。

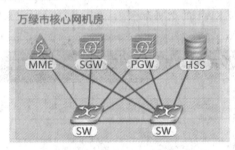

图 4-34　拓扑规划图

IP 地址规划如表 4-4 所示。

表 4-4　核心网及 SW2 的 IP 地址规划

网元名称	IP 地址
MME	10.2.1.1/24
SGW	10.2.1.2/24
PGW	10.2.1.3/24
HSS	10.2.1.4/24
SW2	10.2.1.10/24

任务 5　中心机房路由器的单臂路由实现对接

任务描述

将核心网 MME、SGW、PGW、HSS 的网关设置在中心机房，核心网机房交换机只做二层配置，采用单臂路由的方式实现承载网与核心网的对接，请在万绿市核心机房及中心机房安装设备并完成网络的调试与测试。

相关知识

单臂路由的相关知识在项目三的任务 3 中已经做了简单介绍，此处不再赘述。根据任务要求，对单臂路由配置分析如下：核心机房的 4 个网元设备连接到核心机房的 SW1 上面，但是它们的网关并不设置到交换机上面，而是设置到中心机房的路由器上。中心机房 RT 与核心网机房对接方式如图 4-35 所示。

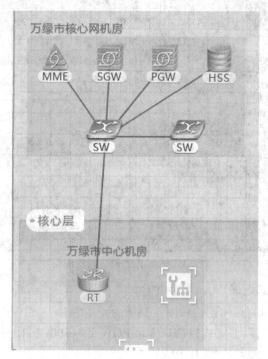

图 4-35　中心机房 RT 与核心网机房对接

操作实施

1. 设备的接口介绍

交换机的接口面板如图 4-36 所示，拥有 10 Gb/s、40 Gb/s、100 Gb/s 不同速率光口各 6 个，网口各 6 个，在连接网元的时候需要选用合适的线连接到与之速率相匹配的接口上。

图 4-36　核心网交换机的物理接口

图 4-37 是 MME 设备的接口面板。将鼠标移动到接口位置，就会显示出此接口的信息。图中显示的就是 10 Gb/s 速率的接口信息，所以 MME 需要连接到交换机的 10 Gb/s 速率接口上，其余 3 个设备皆如此连接。

图 4-37 MME 的设备接口面板

2. 网元与交换机的连接

网元与交换机之间的具体连接如图 4-38 所示，MME-7-3x10GE-1 连接到 SW1TCH-1，SGW-7-1x100GE-1 连 接 到 SW1TCH-13，PGW-7-1x100GE-1 连 接 到 SW1TCH-14，HSS-7-1x100GE-1 连接到 SW1TCH-19。

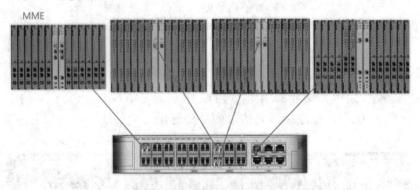

图 4-38 任务拓扑连线

3. 核心网数据配置

核心网网元设备的 IP 地址规划如表 4-5 所示。

表 4-5 核心网网元设备的 IP 地址规划

网元名称	IP 地址	绑定 VLAN	网 关
MME	10.10.10.10/24	10	10.10.10.1
SGW	20.20.20.20/24	20	20.20.20.1
PGW	30.30.30.30/24	30	30.30.30.1
HSS	40.40.40.40/24	40	40.40.40.1

设备的接口数据配置如图 4-39～图 4-42 所示。

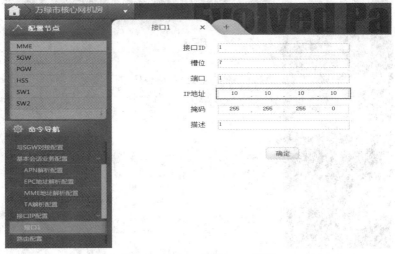

图 4-39　MME 的接口 IP 配置

图 4-40　SGW 的接口 IP 配置

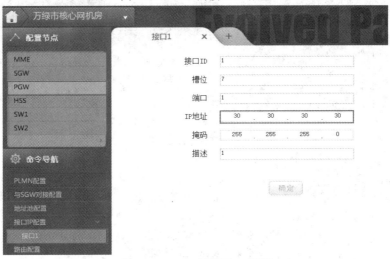

图 4-41　PGW 的接口 IP 配置

图 4-42　HSS 的接口 IP 配置

核心网交换机的接口属性如表 4-6 所示。

表 4-6　核心网交换机的接口属性

接口 ID	VLAN 模式	关联 VLAN
10GE-1/1	access	10
100GE-1/13	access	20
100GE-1/14	access	30
100GE-1/18	trunk	10，20，30，40
GE-1/19	access	40

核心网元的网关配到中心机房，所以核心网机房的交换机只作为二层交换机，给它们的接口绑定一个 VLAN，在核心网机房与中心机房的接口上配置 trunk 接口，允许通过多个 VLAN。具体配置如图 4-43 所示。

接口ID	接口状态	光/电	VLAN模式	关联VLAN	接口描述
10GE-1/1	up	光	access	10	MME
10GE-1/2	down	光	access	1	
10GE-1/3	down	光	access	1	
10GE-1/4	down	光	access	1	
40GE-1/12	down	光	access	1	
100GE-1/13	up	光	access	20	SGW
100GE-1/14	up	光	access	30	PGW
100GE-1/15	down	光	access	1	
100GE-1/16	down	光	access	1	
100GE-1/17	down	光	access	1	
100GE-1/18	up	光	trunk	10,20,30,40	中心机房RT
GE-1/19	up	电	access	40	HSS
GE-1/20	down	电	access	1	

图 4-43　交换机的数据配置

4. 中心机房 RT 的配置

在中心机房安装一个大型 RT 并连接到 ODF 的去核心机房的端口上，设备连接如图 4-44 所示。

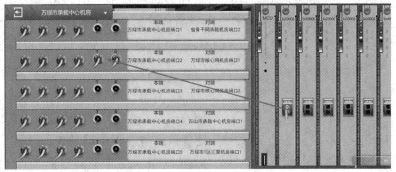

图 4-44　设备连线

中心机房 RT1 的配置子接口如图 4-45 所示。

图 4-45　中心机房 RT1 的配置子接口

5. 测试验证

使用仿真平台的 Ping 工具，对已经配置好的万绿市核心网设备进行 Ping 测试，测试结果如图 4-46 所示。由测试结果可得，设备安装及数据配置是成功的。

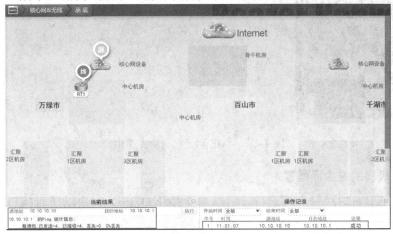

图 4-46　测试结果

> **任务小结**

本任务我们学习了把核心网机房的设备通过单臂路由与中心机房实现了对接，完成网元与它们网关的 Ping 通测试。需要注意的是，核心网 SW1 上的 VLAN 绑定必须要与接口的地址一一对应，与中心机房的对接接口必须是 trunk 口，设置的 VLAN 必须包含其他 4 个接口。

> **任务拓展**

完成以上任务之后，我们会发现网元设备只能与自己的网关 Ping 通，要实现网元之间的通信，还需要在以上配置的基础上增加一些配置，才能让它们之间任意 Ping 通。

1. 核心网元路由配置

网元都需要配置一条缺省路由，下一跳是它们自己的网关。在图 4-47 中，MME 网元配置缺省路由，其他网元缺省路由的配置也可参照本图进行。

图 4-47　MME 网元配置缺省路由

2. 中心机房的路由器配置

因为是在不同的网段之间通信，所以需要打开 OSPF，并启动所有接口，如图 4-48 所示。

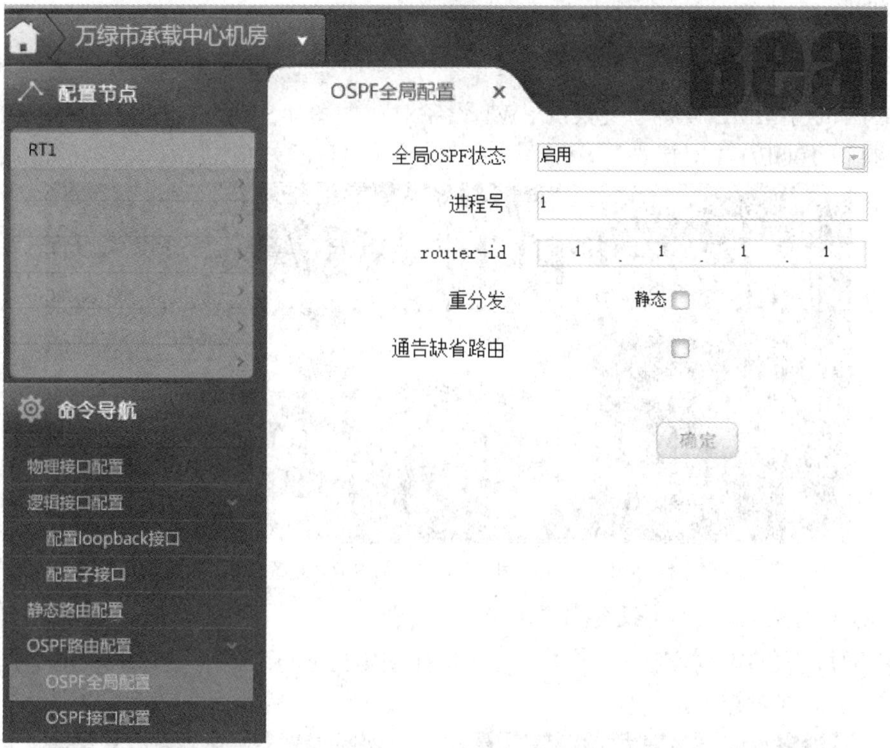

图 4-48　OSPF 全局配置

请继续完成上述配置，完成 10.10.10.10 与 20.20.20.20 之间的 Ping 测试。

任务 6　中心机房 PTN 的 VLAN 通信实现对接

任务描述

请将核心网四个网元 MME、SGW、PGW、HSS 的网关配置在中心机房，在万绿市核心网和中心机房之间部署设备与连线，配置数据，完成核心网与承载网的对接。

实施步骤

1. 网络规划

依据任务要求，在核心网机房安装 MME、SGW、PGW、HSS 设备，各个网元与交换机 SW1 相连，然后与中心机房 PTN1 进行对接，设计拓扑规划如图 4-49 所示。

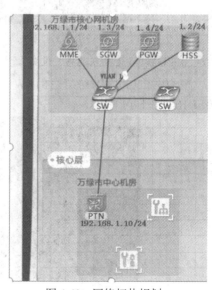

图 4-49　网络拓扑规划

2. 设备安装

1) MME 与交换机 SW1 设备配置

核心网机房 MME 设备与交换机 SW1 设备对接如图 4-50 所示，MME 接口 10GE/7-1 与 SW1 接口 10GE/1-1 对接。

图 4-50　核心网机房 MME 与 SW1 设备配置

2) SGW 与交换机 SW1 设备配置

核心网机房 SGW 与交换机 SW1 设备对接如图 4-51 所示，SGW 接口 100GE/7-1 与 SW1 接口 100GE/1-13 对接。

图 4-51　核心网机房 SGW 与交换机 SW1 设备配置

3) PGW 与交换机 SW1 设备配置

核心网机房 PGW 与交换机 SW1 设备对接如图 4-52 所示，PGW 接口 100GE/7-1 与 SW1 接口 100GE/1-14 对接。

图 4-52　核心网机房 PGW 与交换机 SW1 设备配置

4) HSS 与交换机 SW1 设备配置

核心网机房 HSS 与交换机 SW1 设备对接如图 4-53 所示，HSS 接口 1GE/7-1 与 SW1 接口 1GE/1-19 对接。

图 4-53　核心网机房 HSS 与交换机 SW1 设备配置

5) 核心网机房 SW1 与 ODF 架对接

核心网机房 SW1 与 ODF 设备对接如图 5-54 所示，SW1 接口 100GE/1-18 与 ODF 架对接。

图 4-54　核心网机房 SW1 与 ODF 架对接

6) 中心机房 PTN1 与 ODF 架连接

中心机房 PTN1 与 ODF 设备对接如图 4-55 所示，PTN1 接口 100GE/1-1 与 ODF 架对接。

图 4-55　中心机房 PTN1 与 ODF 架对接

3. 数据配置

1) MME 的接口配置

核心网机房 MME 的接口数据配置如图 4-56 所示。

图 4-56　核心网机房 MME 接口数据配置

2) SGW 数据配置

核心网机房 SGW 的接口数据配置如图 4-57 所示。

图 4-57　核心网机房 SGW 的接口数据配置

3) PGW 的数据配置

核心网机房 PGW 的接口数据配置如图 4-58 所示。

图 4-58　核心网机房 PGW 的接口数据配置

4) HSS 的数据配置

核心机房 HSS 的接口数据配置如图 4-59 所示。

图 4-59 核心网机房 HSS 的接口数据配置

5) SW1 的接口配置

在核心网机房 SW1 的物理接口配置中，接口 100GE-1/18 的 VLAN 模式是 trunk，关联的 VLAN 是 1-200，如图 4-60 所示。

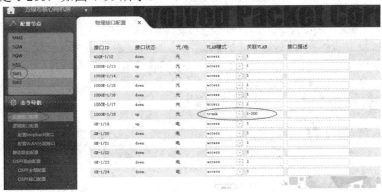

图 4-60 核心网机房 SW1 的物理接口配置

6) 中心机房 PTN1 的接口配置

中心机房 PTN1 的物理接口配置如图 4-61 所示。

图 4-61 中心机房 PTN1 的物理接口配置

其中 100GE-1/1 接口设置的 VLAN 模式是 trunk，关联的 VLAN 是 1-100，trunk 模式时，关联多个 VLAN 范围是 1-4094，连续的 VLAN 用 "-"，间断的用英文 ","，如 1-100，200，300-500。

7) PTN1 的三层接口配置

中心机房 PTN1 的三层接口配置如图 4-62 所示。

图 4-62　中心机房 PTN1 的三层接口配置

4. 测试验证

各个网元与中心机房 PTN1 Ping 通测试，结果如图 4-63 所示。

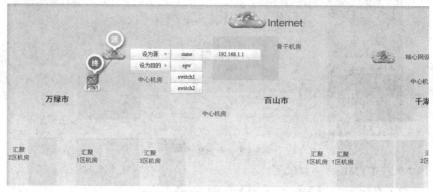

图 4-63　网元与中心机房 Ping 通测试结果

由此可知，中心机房 PTN1 通过 OTN 设备与核心机房实现了相互之间的通信。

任务小结

本任务我们学习了把核心网机房的网元设备的网管设置到站点机房，通过 PTN 设备的 VLAN 通信实现了对接，需要注意的是接口的 VLAN 需要一一对应上，绑定的 VLAN 地址也需要保持一致。

任务拓展

将万绿市中心机房与万绿市核心网机房进行对接，具体拓扑结构如图 4-64 所示。

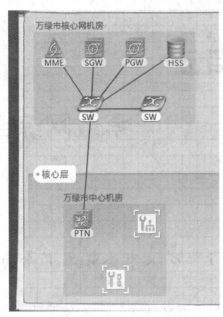

图 4-64 拓扑结构图

核心网网元及 PTN 的 IP 地址规划如表 4-7 所示。

表 4-7 核心网网元及 PTN 的 IP 地址规划

设　备	IP 地址	VLAN
MME	172.168.1.1/30	10
SGW	172.168.2.1/30	20
PGW	172.168.3.1/30	30
HSS	172.168.4.1/30	40
PTN1	172.168.1.2/30	10
	172.168.2.2/30	20
	172.168.3.2/30	30
	172.168.4.2/30	40

项目五

承载网综合部署与应用

任务1　万绿市承载网部署与调试

【任务描述】

为了实现承载网综合部署与应用，请在万绿市 A 站点机房安装 BBU 与 PTN 设备，在汇聚 1 区、中心机房安装 PTN 与 OTN 设备，配置相关数据，实现承载网综合部署与调试。

【实施步骤】

1. 设备安装

依据任务要求，在万绿市 A 站点安装 BBU、AAU 与 PTN，在汇聚 1 区、中心机房安装 PTN 与 OTN 设备，其网络拓扑如图 5-1 所示。

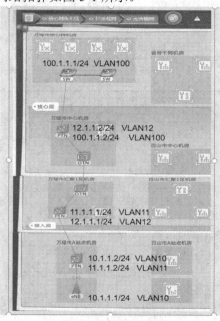

图 5-1　网络拓扑图

2. 数据配置

设备 IP 地址规划如表 5-1 所示。

表 5-1　地址规划

设　备	IP 地址	VLAN
万绿市 BBU	10.1.1.1/24	VLAN10
万绿市 A 站点	10.1.1.2/24	VLAN10
	11.1.1.2/24	VLAN11
万绿市汇聚 1 区	11.1.1.1/24	VLAN11
	12.1.1.1/24	VLAN12
万绿市中心机房	12.1.1.2/24	VLAN12
	100.1.1.2/24	VLAN100
万绿市核心网机房	100.1.1.1/24	VLAN100

1) 万绿市 A 站点数据配置

万绿市 A 站点机房的 IP 地址设置如图 5-2 所示。

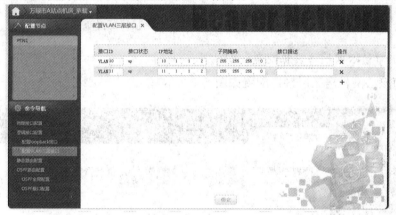

图 5-2　万绿市 A 站点机房的 IP 地址设置

2) 万绿市汇聚 1 区的数据配置

万绿市汇聚 1 区三层接口配置如图 5-3 所示。

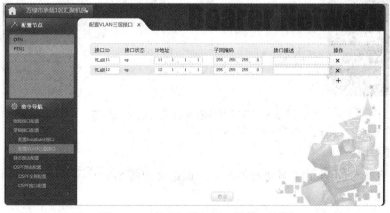

图 5-3　万绿市汇聚 1 区三层接口配置

3) 万绿市中心机房的数据配置

万绿市中心机房三层接口配置如图 5-4 所示。

图 5-4　万绿市中心机房三层接口配置

4) 万绿市核心网机房数据配置

万绿市核心网机房三层接口配置如图 5-5 所示。

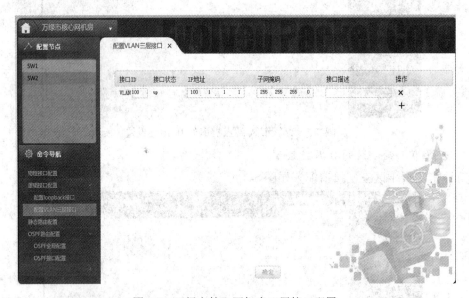

图 5-5　万绿市核心网机房三层接口配置

3. 测试验证

使用仿真平台的 Ping 工具进行测试，测试结果如图 5-6 所示，由测试结果可知实现了承载网综合部署与应用。

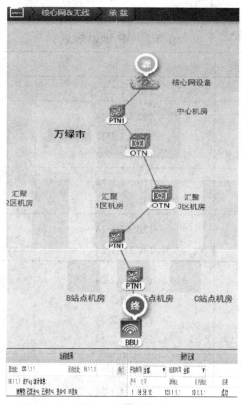

图 5-6 测试结果

任务小结

(1) 在完成任务配置前，事先做好数据规划。

(2) 数据配置的接口及参数必须与设备配置一致。

任务拓展

实现万绿市承载网的部署与调试，任务拓扑如图 5-7 所示。

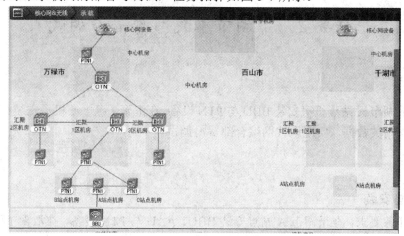

图 5-7 任务拓扑图

设备 IP 地址规划如表 5-2 所示。

表 5-2　IP 地址规划

设备	IP 地址	VLAN
万绿市 BBU	100.1.1.1/24	VLAN100
万绿市 A 站点机房	100.1.1.2/24	VLAN100
	110.1.1.2/24	VLAN110
	120.1.1.2/24	VLAN120
万绿 B 站点机房	110.1.1.1/24	VLAN110
	130.1.1.1/24	VLAN130
万绿市 C 站点机房	120.1.1.1/24	VLAN120
	140.1.1.1/24	VLAN140
万绿市汇聚 1 区机房 PTN1	130.1.1.2/24	VLAN130
	140.1.1.2/24	VLAN140
	150.1.1.2/24	VLAN150
	160.1.1.2/24	VLAN160
汇聚 2 区机房 PTN1	150.1.1.1/24	VLAN150
	170.1.1.1/24	VLAN170
汇聚 3 区机房 PTN1	160.1.1.1/24	VLAN160
	180.1.1.1/24	VLAN180
中心机房 PTN1	170.1.1.2/24	VLAN170
	180.1.1.2/24	VLAN180
	200.1.1.2/24	VLAN200
核心网机房	200.1.1.1/24	VLAN200

任务 2　千湖市承载网部署与调试

任务描述

请在千湖市 A 站点机房安装 BBU 与 PTN 设备,在汇聚 1 区中心机房安装 PTN 与 OTN 设备,配置相关数据,实现承载网综合部署与调试。

实施步骤

1. 设备安装

依据任务要求,在千湖市 A 站点安装 BBU、AAU 与 PTN 设备,在汇聚 1 区中心机房安装 PTN 与 OTN 设备,任务拓扑如图 5-8 所示。

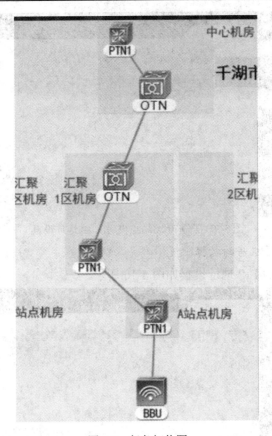

图 5-8　任务拓扑图

2. 地址规划

设备 IP 地址规划如表 5-3 所示。

表 5-3　IP 地址规划

设　备	IP 地址	VLAN
千湖市 BBU	20.10.10.1/24	VLAN20
千湖市 A 站点机房	20.10.10.10/24	VLAN20
	130.1.1.1/24	VLAN130
千湖市汇聚 1 区机房	130.1.1.2/24	VLAN130
	140.1.1.1/24	VLAN140
千湖市中心机房	140.1.1.2/24	VLAN140
	150.1.1.1/24	VLAN150
千湖市核心机房	150.1.1.2/24	VLAN150

1) 千湖市 A 站点数据配置

千湖市 A 站点机房的 IP 地址设置如图 5-9 所示。

图 5-9　千湖市 A 站点机房的 IP 地址设置

2) 千湖市汇聚 1 区机房的数据配置

千湖市汇聚 1 区机房 IP 地址设置如图 5-10 所示。

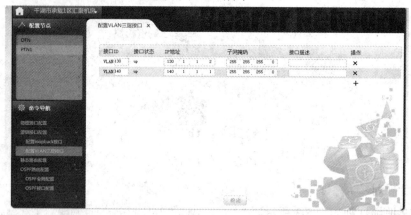

图 5-10　千湖市汇聚 1 区 IP 地址设备

3) 千湖市中心机房的数据配置

千湖市中心机房 IP 地址设置如图 5-11 所示。

图 5-11　千湖市中心机房 IP 地址设置

4) 千湖市核心网机房数据配置

千湖市核心网机房三层接口配置如图 5-12 所示。

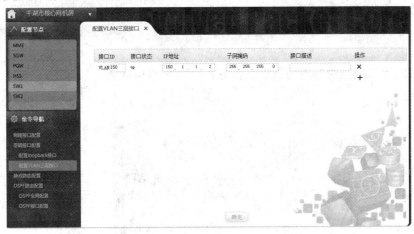

图 5-12　千湖市核心网机房三层接口配置

3. 测试验证

使用仿真平台的 Ping 工具进行测试，测试结果如图 5-13 所示。由测试结果可知完成了承载网综合部署与应用。

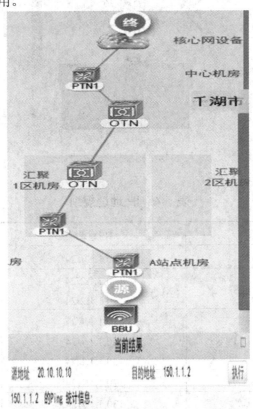

图 5-13　测试结果

任务小结

在本次任务的内容中，每个机房都要配置 OSPF，OTN 频率必须配置。

任务拓展

实现千湖市承载网的部署与调试，任务拓扑如图 5-14 所示。

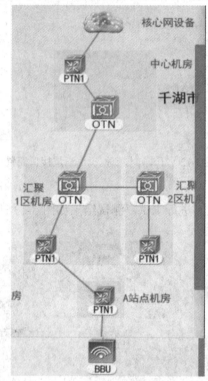

图 5-14　拓展任务拓扑图

设备 IP 地址规划如表 5-4 所示。

表 5-4　IP 地址规划

设　备	IP 地址	VLAN
千湖市 BBU	100.1.1.1/24	VLAN100
千湖市 A 站点机房	100.1.1.2/24	VLAN100
	110.1.1.2/24	VLAN110
千湖市汇聚 1 区机房 PTN1	110.1.1.1/24	VALN110
	120.1.1.1/24	VLAN120
	130.1.1.1/24	VLAN130
汇聚 2 区机房 PTN1	120.1.1.2/24	VLAN120
中心机房机房 PTN1	130.1.1.2/24	VLAN130
	140.1.1.1/24	VLAN140
核心网机房	140.1.1.2/24	VLAN140

任务3　百山市承载网部署与调试

任务描述

请在百山市 A 站点机房安装 BBU 与 PTN 设备，在汇聚 1 区机房、中心机房安装 PTN 与 OTN 设备，配置相关数据，实现承载网综合部署与调试。

实施步骤

1. 设备安装

依据任务要求，在百山市 A 站点安装 BBU 与 PTN，在汇聚 1 区机房、中心机房安装 PTN 与 OTN 设备，任务拓扑如图 5-15 所示。

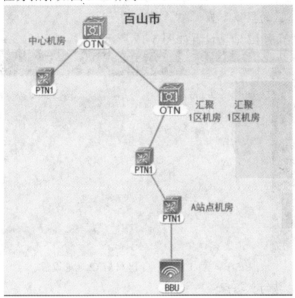

图 5-15　任务拓扑

2. 数据配置

设备 IP 地址规划如表 5-5 所示。

表 5-5　IP 地址规划

设　备	IP 地址	VLAN
百山市 BBU	30.10.10.10/24	VLAN30
百山市 A 机房站点	30.10.10.1/24	VLAN30
	160.1.1.1/24	VLAN160
百山市汇聚 1 区机房	160.1.1.2/24	VLAN160
	170.1.1.2/24	VLAN170
百山市中心机房	170.1.1.1/24	VLAN170

1) 百山市 A 站点数据配置

百山市 A 站点机房的 IP 地址设置如图 5-16 所示。

图 5-16　百山市 A 站点机房的 IP 地址设置

2) 百山市汇聚 1 区的数据配置

百山市汇聚 1 区机房 IP 地址设置如图 5-17 所示。

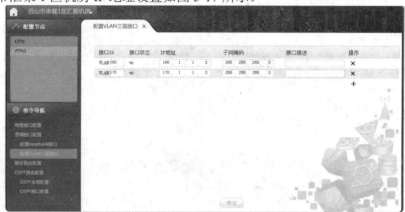

图 5-17　百山市汇聚 1 区机房 IP 地址设置

3) 百山市中心机房的数据配置

百山市中心机房 IP 地址设置如图 5-18 所示。

图 5-18　百山市中心机房 IP 地址设置

3. 测试验证

使用仿真平台的 Ping 工具进行测试，测试结果如图 5-19 所示。由测试结果可知，以上配置完成了承载网综合部署与应用。

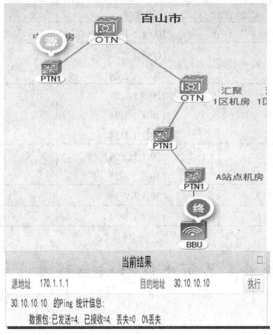

图 5-19　测试结果

任务小结

在本次任务的内容中，每个机房都要配置 OSPF，OTN 频率必须配置。

任务拓展

实现百山市承载网的部署与调试，任务拓扑如图 5-20 所示。

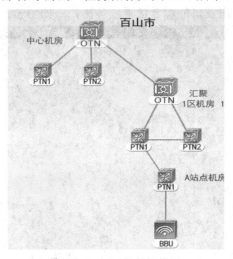

图 5-20　拓展任务拓扑图

任务拓扑设置 IP 地址规划如表 5-6 所示。

表 5-6　IP 地址规划

设　备	IP 地址	VLAN
百山市 BBU	100.1.1.1/24	VLAN100
百山市 A 站点机房	100.1.1.2/24	VLAN100
	110.1.1.2/24	VLAN110
百山市汇聚 1 区机房 PTN1	110.1.1.1/24	VALN110
	120.1.1.1/24	VLAN120
	130.1.1.1/24	VLAN130
汇聚 1 区机房 PTN2	130.1.1.2/24	VLAN130
	140.1.1.2/24	VLAN140
承载中心机房 PTN1	120.1.1.2/24	VLAN120
承载中心机房 PTN2	140.1.1.1/24	VLAN140

任务 4　三市承载网综合部署与调试

任务描述

　　请在万绿市、千湖市、百山市的承载中心机房安装 BBU 与 PTN 设备，在汇聚 1 区、承载中心机房及省骨干网承载机房安装 PTN 与 OTN 设备，配置相关数据，实现三个城市承载网的综合部署与调试。

实施步骤

1. 设备安装

依据任务要求，规划出三市的综合部署任务拓扑，如图 5-21 所示。

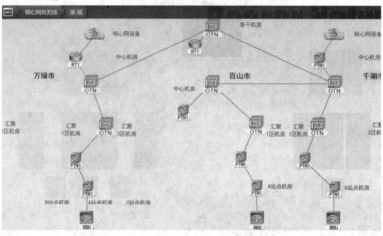

图 5-21　三市的综合部署任务拓扑图

根据拓扑图可知，万绿市和千湖市通过省骨干网承载机房连接，千湖市和百山市的互通需要通过各自的承载中心机房连接来实现。前面三个任务已经分别实现了三个城市的独立调试，本任务中的设备安装需完成万绿市承载中心机房与省骨干网承载机房的对接、千湖市承载中心机房与省骨干网承载机房的对接及千湖市承载中心机房和百山市承载中心机房的对接。

1) 万绿市承载中心机房与省骨干网承载机房的对接

(1) 万绿市承载中心机房路由器与承载中心机房 OTN 的连接。如图 5-22 所示，万绿市承载中心机房路由器去往 OTN 的端口处选用 1 槽位的 100G 端口。

图 5-22　万绿市承载中心机房 RT 连接 OTN 去往省骨干网承载机房

OTN 去往省骨干网承载机房如图 5-23、图 5-24 所示。从路由器出来的接口是 100G 端口，因此 OTU 也应该选择 100G 的单板，此处选择的是 16 槽位的 100G 单板。路由器的 100G 端口与 OTU 的 C1T/C1R 连接，L1T 与 18 槽位的 OMU CH1 连接，OMU out 端口与 20 槽位的 OBA in 端口连接，OBA 的 out 端口与 ODF 架 T 连接，本端是万绿市承载中心机房端口 1，对端是省骨干承载机房端口 2。R 连接 20 槽位 OPA in 端口，OPA out 端口连接 ODU in 端口，ODU 的 CH1 端口连接 OTU L1R。

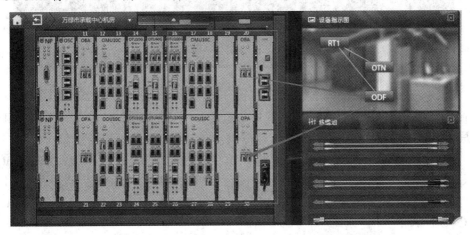

图 5-23　万绿市承载中心机房 OTN 去往省骨干网承载机房

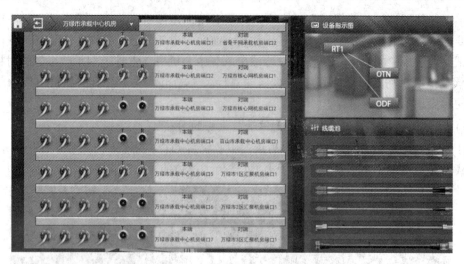

图 5-24　万绿市承载中心机房 ODF 架连线

(2) 省骨干网承载机房 RT 通过 OTN 与万绿市承载中心机房的对接。因前面万绿市承载中心机房与省骨干网承载机房对接的端口是 100G 端口，因此省骨干机房与万绿市承载中心机房对接的端口也需要选用 100G 端口。此处 RT 选用的是 1 槽位 1 端口，如图 5-25 所示。

图 5-25　省骨干网承载机房 RT 通过 OTN 去往万绿市承载中心机房

省骨干网承载机房 OTN 去往承载中心机房如图 5-26、图 5-27 所示。省骨干网承载机房 RT 的 1 槽位 100G 端口与 OTN 的 16 号单板的 C1T/C1R 连接，16 槽位的 L1T 连接 18 槽位的 OMU CH1，OMU out 端口连接 20 槽位的 OBA in 端口，OBA out 端口连接 ODF 架 T，ODF 架的本端是省骨干网承载机房端口 2，对端是万绿市承载中心机房端口 1，R 连接 20 槽位的 OPA in 端口，out 端口连接 18 槽位 ODU in 端口，ODU CH1 连接 OTU L1R。

图 5-26　省骨干网承载机房 OTN 内部连接

图 5-27　省骨干网承载机房 ODF 架连线

至此万绿市承载中心机房与省骨干网承载机房对接的设备配置完成。此处需注意：端口与端口连接的速率应该相匹配。

2) 千湖市承载中心机房与省骨干网承载机房的对接

千湖市承载中心机房与省骨干网承载机房的对接可以参照万绿市承载中心机房与省骨干网承载机房的对接，此处不再赘述。

3) 千湖市承载中心机房与百山市承载中心机房的对接

(1) 千湖市承载中心机房与百山市承载中心机房的对接。千湖市承载中心机房 PTN 连接 OTN，选择的是 2 号槽位的 100G 端口，如图 5-28 所示。

OTN 内部连接如图 5-29 所示，承载中心机房 PTN 2 号槽位 100G 端口连线出来后连接 OTU 16 槽位 C1T/C1R。

ODF 架的连线如图 5-30 所示，本端端口是千湖市承载中心机房端口 4，对端端口是百山市承载中心机房端口 2。

图 5-28　千湖市承载中心机房 PTN 连接 OTN

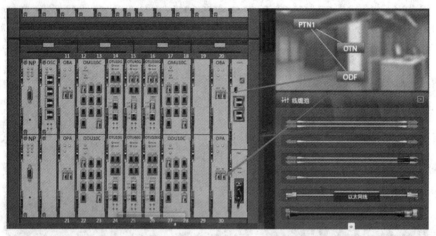

图 5-29　千湖市承载中心机房 OTN 内部连线

图 5-30　千湖市承载中心机房 ODF 连线

　　(2) 百山市承载中心机房与千湖市承载中心机房的对接。百山市承载中心机房 RT 连线如图 5-31 所示。

图 5-31　百山市承载中心机房 RT 连线

百山市承载中心机房路由器 2 号槽位 100G 端口连接 OTN 16 号槽位的 OTU C2T/C2R，如图 5-32、图 5-33 所示，L2T 连接 12 槽位的 OMU in 端口，OMU out 端口连接 11 槽位的 OBA in 端口，OBA out 端口连接 ODF 架 T 端口，ODF 架的 R 端口连接 11 槽位 OPA in 端口，OPA out 端口连接 ODU in 端口，ODU 的 CH1 端口连接 OTU 的 L2R。

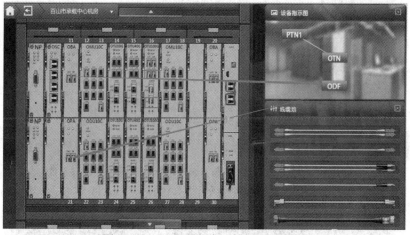

图 5-32　百山市承载中心机房 OTN 连线

图 5-33　百山市承载中心机房 ODF 架连线

2. 数据配置

前面任务已经完成了万绿市、千湖市、百山市的数据配置，本任务只需完成万绿市承载中心机房与省骨干网承载机房对接、千湖市与省骨干网承载机房对接、百山市承载中心机房和千湖市承载中心机房对接的数据配置。

1) 万绿市承载中心机房与省骨干网承载机房对接的数据配置

万绿市承载中心机房与省骨干网承载机房对接的 IP 地址配置如表 5-7 所示。

表 5-7　万绿市承载中心机房与省骨干网承载机房对接的 IP 地址配置

设　备	IP 地址
万绿市承载中心机房 RT	172.17.12.254/24
省骨干网 RT	172.17.12.15/254

(1) 万绿市承载中心机房的数据配置。根据设备配置，万绿市承载中心机房 RT 与省骨干网承载机房对接的端口是 1 槽位 1 端口，端口速率是 100Gb/s，因此数据配置时该端口的状态是 UP，如图 5-34 所示。RT 的其他数据配置方法同前面，此处不再赘述。

图 5-34　万绿市承载中心机房 RT 与省骨干网承载机房对接端口的数据配置

万绿市承载中心机房 OTN 的频率配置如图 5-35 所示，单板是 16 槽位的 OTU100G，接口是 L1T，频率是 CH1。此处应注意数据配置与设备配置一致。

图 5-35　万绿市承载中心机房 OTN 与省骨干网承载机房对接的频率配置

(2) 省骨干网承载机房的数据配置。省骨干网承载机房与万绿市承载中心机房对接的端口是 1 槽位的 1 端口，端口速率是 100Gb/s，端口状态是 up，如图 5-36 所示。

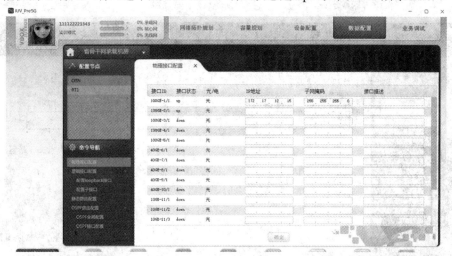

图 5-36　省骨干网承载机房 RT 与万绿市承载中心机房对接的物理端口配置

省骨干网承载机房 OTN 与万绿市承载中心机房对接的频率配置如图 5-37 所示。

图 5-37　省骨干网承载机房 OTN 与万绿市承载中心机房对接的频率配置

2) 千湖市与省骨干网承载机房对接的数据配置

千湖市承载中心机房与省骨干网承载机房对接的数据配置可参照万绿市进行配置，此处不再赘述。

3) 千湖市承载中心机房与百山市承载中心机房的数据配置

千湖市承载中心机房与百山市承载中心机房对接的 IP 地址规划如表 5-8 所示。

表 5-8　千湖市承载中心机房与百山市承载中心机房对接的 IP 地址规划

设备名称	IP 地址	VLAN
千湖市承载中心机房	172.17.13.254/24	15
百山市承载中心机房	172.17.13.15/254	15

(1) 千湖市承载中心机房。千湖市承载中心机房与百山市承载中心机房对接的 VLAN 三层接口配置如图 5-38 所示，其他配置此处不再赘述。

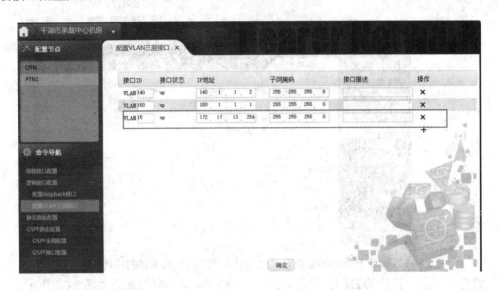

图 5-38　千湖市承载中心机房与百山市承载中心机房对接的 VLAN 三层接口配置

(2) 百山市承载中心机房。图 5-39 为百山市承载中心机房与千湖市承载中心机房对接的 VLAN 三层接口配置，其他配置此处不再赘述。

图 5-39　百山市承载中心机房与千湖市承载中心机房对接的 VLAN 三层接口配置

3. 测试验证

1) 万绿市承载中心机房和百山市承载中心机房 Ping 测试

万绿市承载中心机房与百山市承载中心机房 Ping 测试的结果如图 5-40 所示。从测试结果来看，万绿市承载中心机房和百山市承载中心机房已实现互通。

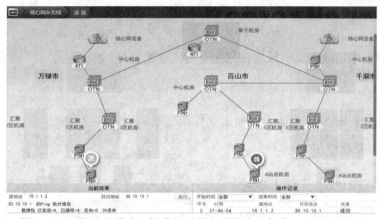

图 5-40　万绿市承载中心机房与千湖市承载中心机房 Ping 测试结果

2) 万绿市承载中心机房和千湖市承载中心机房 Ping 测试

万绿市承载中心机房和千湖市承载中心机房 Ping 测试结果如图 5-41 所示。

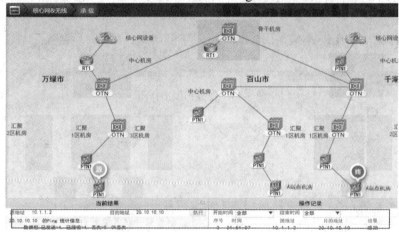

图 5-41　万绿市承载中心机房与千湖市承载中心机房 Ping 测试结果

3) 千湖市承载中心机房和百山市承载中心机房 Ping 测试

千湖市承载中心机房和百山市承载中心机房 Ping 测试结果如图 5-42 所示。

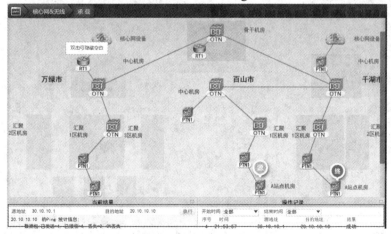

图 5-42　千湖市承载中心机房和百山市承载中心机房 Ping 测试结果

任务总结

注意对接的端口速率要一致，数据配置与实物配置要一致。

任务拓展

根据任务拓展图 5-43 完成设备配置及数据配置。

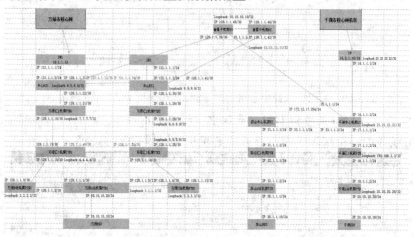

图 5-43　任务拓展拓扑图

参 考 文 献

[1] 邓建芳，李筱林. 光纤通信系统.北京：中国铁道出版社，2017.
[2] 王健. 光传送网(OTN)技术、设备及工程应用. 北京：人民邮电出版社，2016.
[3] 罗芳盛.IUV-承载网通信技术实战指导. 北京：人民邮电出版社，2016.
[4] 陈佳莹，张溪，林磊.IUV-4G 移动通信技术实战指导.2 版. 北京：人民邮电出版社，2016.
[5] 罗芳盛，林磊.IUV-承载网通信技术实战指导. 北京：人民邮电出版社，2016.
[6] 沈建华. 光纤通信系统. 北京：机械工业出版社，2014.